基金项目：
① 安徽省振兴计划高校优秀青年人才基金重点项目（项目编号：2013SQRL 134ZD）；
② 安徽省2015年省级质量工程园林技术特色专业建设项目（项目编号：2015tszy 057）。

安徽琅琊山野生草本观赏植物
资源及开发利用

涂清芳　著

合肥工业大学出版社

图书在版编目（CIP）数据

安徽琅琊山野生草本观赏植物资源及开发利用/涂清芳著. —合肥：合肥工业大学出版社，2017.8

ISBN 978-7-5650-3457-2

Ⅰ.①安… Ⅱ.①涂… Ⅲ.①琅琊山—野生植物—观赏植物—草本植物—资源开发 Ⅳ.①Q949

中国版本图书馆CIP数据核字（2017）第164542号

安徽琅琊山野生草本观赏植物资源及开发利用

涂清芳 著　　　　责任编辑 陆向军 何恩情

出　版	合肥工业大学出版社	**版　次**	2017年8月第1版
地　址	合肥市屯溪路193号	**印　次**	2017年8月第1次印刷
邮　编	230009	**开　本**	787毫米×1092毫米 1/16
电　话	综合编辑部：0551-62903028	**印　张**	11.25
	市场营销部：0551-62903198	**字　数**	200千字
网　址	www.hfutpress.com.cn	**印　刷**	安徽联众印刷有限公司
E-mail	hfutpress@163.com	**发　行**	全国新华书店

ISBN 978-7-5650-3457-2　　　　定价：98.00元

序

植物是大自然对人类的馈赠，她以变化多姿的形态、顽强旺盛的生命力维护地球的生态环境。植物不仅给人类提供食物，还能净化空气，美化家园，使我们的地球生机盎然，富于变化与活力。

野生植物资源是人类可持续发展的宝贵资源，其中很多种类具有观赏或药用价值。中国地域辽阔，自然环境复杂，野生植物资源极为丰富，是世界野生观赏植物多样性分布中心之一，被誉为“世界园林之母”。世界上许多优良观赏植物品种的产生都离不开中国植物资源。和发达国家相比，目前我国应用到园林绿化中的观赏植物种类尚不够丰富。因此，深入研究野生观赏植物资源，加强对野生观赏植物资源的保护、开发和利用，对增加植物的多样性、营建地域性特色的园林景观具有重要的意义。

琅琊山地处安徽东部，为江淮之间的低山丘陵地带，享有“蓬莱之后无别山”“皖东明珠”之美誉。其植被为亚热带常绿、落叶阔叶混交林和暖温带落叶阔叶林带的过渡类型，植物种类繁多，尤以榆科、石蒜科等资源较为丰富，具有很高的观赏和科研价值。作者在研究生阶段曾对琅琊山的植物资源进行普查，并完成了相关硕士论文。如今又结合科研和教学工作，进一步对琅琊山植物资源进行系统调查研究，兢兢业业，编撰成《安徽琅琊山野生草本观赏植物资源及开发利用》一书。书中记载了具有观赏价值的野生、半野生状态的草本植物162种，其中观花植物95种、观叶植物19种、观果植物5种、观赏特征多样兼赏植物43种，从形态、习性、应用等方面进行了详细介绍，并配有不同部位的清晰图片。这些植物具有较强的抗逆性、较好的适应性和较高的观赏价值，可推广应用到华东地区以及相似生境地区的园林绿化中，让优良的野生草本观赏植物资源“远在深山有人问”。

本书语言流畅，图文并茂。希望能对广大读者有所启发和帮助。

南京林业大学风景园林学院　丁彦芬

2017年7月25日于南京

CONTENTS

目 录

第1章

琅琊山自然概况

1.1 自然环境概况

1.1.1 地理位置

琅琊山国家森林公园位于安徽省滁州市境内，地处江淮之间（118°11′~118°21′E，32°14′~32°20′N），1985年被国家原林业部批准为国家森林公园，被列为全国十个重点森林公园之一，1988年被国务院批准为国家级风景名胜区，面积约4900 hm^2。琅琊山区除了琅琊寺所在的琅琊山之外，还包括大丰山、小丰山、榜栳山、凤凰山、花山、龙头山、龙尾山、鸡爪山、赵家山、尖山以及一些无名山头等。琅琊山区最高峰为小丰山山顶，海拔321 m，旅游风景区内最高处为南天门琅琊阁，海拔310 m，其余大多数山峰的海拔在200~300 m。

1.1.2 地形地貌

琅琊山属秦岭、大别山余脉，具体为淮阳山地向东延伸的余脉，整体山势西南高、东北低，并沿东北50°~60°方向展布。该山区的主体多为寒武、奥陶纪石灰岩，经过漫长的地质历史，逐步形成了不同程度和不同裸露形态的石芽、岩溶沟槽、小型溶蚀洼地以及隐蔽型漏斗、溶洞等。山间河流地貌发育较好，河谷的最大切割深度约为100 m。

土壤成土母质为残积物、坡积物和第四纪黄土，土壤类型以褐色土和石灰岩土分布较广，其他还有黄棕壤和水稻土等。林区土壤多为棕色森林土，缓坡及谷地的土层较深厚，而坡度较大处的土层偏薄，且山上多有露头石灰岩。土壤酸碱性多呈中性反应，其中，山中下部的pH值多为6～7；山上部略呈碱性反应，pH值为7.8～8；石灰岩裂缝间的土壤则是石灰性的。整体山区的土壤肥力较高，比较适合多种植物生长发育。

1.1.3 气候水文

琅琊山气候为北亚热带向暖温带过渡的湿润、半湿润季风气候区，其季风明显，四季分明，气候温和，阳光充足，温暖湿润，雨量集中。具体说来，春季冷暖多变，夏季炎热多雨，秋季晴朗气爽，冬季寒冷少雨，四季景观各异。年平均气温为15.2℃，冬季1月平均气温为1.5℃～4.5℃，夏季7～8月平均气温为27℃～28℃，绝对最低温－23.8℃，绝对最高温40.2℃。年平均降水量约1050 mm，且多集中在春夏季节，对于该区林木及林下植物的生长发育非常有利。全年无霜期约217 d。

1.2 植被和植物资源概况

1.2.1 植被概况

沈显生提出安徽省暖温带落叶阔叶林地带与亚热带常绿、落叶阔叶混交林地带的分界线位于叶集、六安、舒城、巢湖至马鞍山一线，因此认为琅琊山植被为落叶阔叶林地带。

夏爱梅等提出安徽省亚热带常绿阔叶林地带与暖温带常绿、落叶阔叶混交林地带的分界线应位于叶集、六安、舒城、庐江、铜陵、宣城至广德一线；而淮河是暖温带常绿、落叶阔叶混交林与落叶阔叶林的天然分界线。认为琅琊山在两条分界线之间，为暖温带常绿、落叶阔叶混交林地带。

琅琊山位于北纬32°处，该地带本应属于暖温带常绿、落叶阔叶混交林，但由于其石灰岩山地的土壤含钙量大，有效水供应不足，很多植物难以生存，实际植被为亚热带常绿、落叶阔叶混交林和暖温带落叶阔叶林带的过渡类型。现有植被以侧柏、麻栎低效林为主。然而，在生理上对高钙、干旱的石灰岩生存环境有较好适应性的榆科植物，在该地区形成繁茂的落叶阔叶林，成为我国东部保存最好的北亚热带森林植被之一。虽然现存植被多为落叶阔叶林，但琅琊山植被具有发展为暖温带常绿、落叶阔叶混交林的潜力。

1.2.2 植物资源概况

琅琊山良好的气候条件和肥沃的土壤，为植物种类多样性提供了适宜的环境，特别是观赏花卉和药用植物资源丰富，种类繁多。目前，琅琊山植被覆盖率达到90%以上，已经发现的各类植物共132科，518属，925种、7亚种、63变种和7变型。

琅琊山的榆科植物资源非常丰富，其中在山中普遍分布和大量生长的种类有青檀（*Pteroceltis tatarinowii*）、榆树（*Ulmus pumila*）、榔榆（*Ulmus parvifolia*）、朴树（*Celtis sinesis*）、榉树（*Zelkova schneideriana*）等。琅琊山特有的榆科植物有琅琊榆（*Ulmus chenmoui*）和醉翁榆（*U. gaussenii*），目前，这两种植物枯损增多，林下幼树更新不良，已被列为国家二级保护树种，为琅琊山珍稀濒危植物。另外，琅琊山风景区还有一棵有千年历史的欧阳修手植梅以及多株古树名木。

琅琊山的野生石蒜（*Lycoris radiata*）资源也很丰富，据殷培峰等人统计，共有石蒜属植物8种和1变种，分别是石蒜（*L. radiata*）、换锦花（*L. sprengeri*）、中国石蒜（*L. chinensis*）、安徽石蒜（*L. anhuiensis*）、乳白石蒜（*L. albiflora*）、短蕊石蒜（*L. caldwellii*）、香石蒜（*L. incarnata*）、长筒石蒜（*L. longituba*）、黄花长筒石蒜（*L. longituba*）等，主要分布于海拔200～300 m的南天门、电视塔、林场等地区。

刘克忠等在对琅琊山的杀菌植物资源进行调查的基础上，指出可作杀菌植物资源研究和开发的植物约有30科、53种，以豆科（*Leguminosae*）、蓼科（*Polygonaceae*）、菊科（*Asteraceae*）的植物种类较多。

太子参（*Pseudostellaria heterophylla*）在琅琊山琅琊寺附近至今仍呈野生分布状态，但受到人为干扰较多，尤其是紧邻琅琊寺至南天门的旅游路线的山坡，由于游客数量不断增多，太子参的生长和分布遭受严重破坏，分布萎缩。

第2章 琅琊山野生草本观赏植物资源

琅琊山植物资源丰富，其中有不少种类具有较高的观赏价值和开发利用价值。通过广泛调查和筛选，选出具有观赏价值的野生、半野生状态的草本植物资源162种。这些植物具有很好的适应性、抗逆性和较高的观赏价值，可以推广应用到本地区及相似生长环境地区的园林绿化中，为丰富园林绿地景观、突出地方特色以及提高城市绿化植物物种多样性等做贡献。

为了便于利用，按照植物观赏部位和观赏特性的不同，把琅琊山野生草本观赏植物分为观花植物、观叶植物、观果植物和观赏特征多样兼赏等四类。其中，野生草本观花植物95种，野生草本观叶植物19种，野生草本观果植物5种，野生草本观赏特征多样兼赏植物43种，其形态特征、生长习性和应用见以下介绍。

2.1 琅琊山野生草本观花植物资源

观花植物指在花形、花色或花香等方面具有突出表现的植物，从琅琊山野生植物资源中筛选出具有观赏价值的草本观花植物有以下95种。

2.1.1 丝穗金粟兰 *Chloranthus fortunei*

科属：金粟兰科金粟兰属。

形态特征：多年生草本植物，高可达40 cm，全株无毛。根状茎粗短，茎直立，单生或丛生。叶对生，常4片集生茎顶，宽椭圆形、长椭圆形或倒卵形，先端短尖，基部宽楔形，边缘圆锯齿或粗锯齿，叶柄长1～1.5 cm。穗状花序单生枝顶，白色芳香；雄蕊3枚，子房倒卵形，无花柱。核果近无柄，球形有纵纹。花期3～5月，果期5～6月。

习性：阴生植物，忌烈日直晒，喜温暖阴湿环境，不耐寒，喜疏松、腐殖质深厚、湿润而排水良好的酸性土壤。

应用：枝叶青翠，白花素雅美丽，花幽香似兰，适作地被植物成片栽植于林下、河边较潮湿处，也宜配置于山石旁、墙角下等稍庇荫处，还可盆栽。此外，全草入药，有抗菌散淤和活血等功效，但有毒，内服慎用。

2.1.2 花点草*Nanocnide japonica*

科属：荨麻科花点草属。

形态特征：多年生草本植物。植株低矮，茎直立，自基部分枝，下部多少匍匐状。叶三角状卵形或近扇形，先端钝圆，基部宽楔形、圆形或近截形，边缘每边具4～7枚圆齿或粗牙齿，茎下部的叶较小，扇形或三角形，基部截形或浅心形；叶片上面翠绿色，表面疏生长毛和短线形或点状的钟乳体，下面浅绿色，有时带紫色，疏生短柔毛。雄花序生于枝梢叶腋，为多回二歧聚伞花序，具长梗，长过叶，花序梗具向上倾斜的毛；雄花具梗，紫红色，花被5深裂，裂片卵形，雄蕊5枚；雌花序密集成团伞花序，具短梗；雌花花被片4，大小不等，顶端有毛，柱头画笔头状。瘦果卵形，有点状突起。花期4～5月，果期6～7月。

习性：性喜阴湿环境，常生于田边或山坡溪旁阴湿地。

应用：植株翠绿，叶形可爱，小花秀丽，适合用作园林地被及湿生绿化等。此外，全草入药治咳嗽痰血，可化痰止咳，止血。

2.1.3 金线草 *Antenoron filiforme*

科属：蓼科金线草属。

形态特征：多年生直立草本植物，高可达80 cm。根状茎粗壮，横生。茎具糙伏毛，节部膨大。叶互生，椭圆形或长椭圆形，长6～15 cm，宽4～8 cm，顶端短渐尖或急尖，基部楔形，全缘，两面具糙伏毛，散布棕色斑点；托叶鞘褐色，膜质，筒状抱茎。花序穗状，顶生或腋生，花被4深裂，红色，苞片有睫毛，雄蕊5，花柱2。瘦果卵形，双凸镜状，褐色，有光泽。花期7～8月，果期9～10月。

习性：喜温暖、阴湿环境，不耐干旱。

应用：花序繁多，细长鲜红，十分美丽，适合用作园林花境、地被等。此外，具有药用价值，具有凉血止血、祛瘀止痛的功效。

2.1.4 红蓼 *Polygonum orientaleL*

科属：蓼科蓼属。

形态特征：一年生草本植物，高达2米。茎直立，粗壮，上部多分枝，密被长柔毛。叶宽卵形或宽椭圆形，全缘，长10～20 cm，先端渐尖，基部圆或近心形，两面密被柔毛，托叶鞘筒状，膜质，被长柔毛，具长缘毛。穗状花序长3～7 cm，微下垂，数个花序组成圆锥状；苞片宽漏斗状，绿色，被柔毛，每苞内具小花3～5朵；花梗比苞片长，花被5深裂，淡红色或白色，雄蕊7，比花被长，花柱2，中下部合生，比花被长。瘦果近圆形，双凹，黑褐色，有光泽。花期6～9月，果期8～10月。

习性：喜温暖、湿润环境，喜水且耐干旱，对土壤要求不高。

应用：植株生长迅速、高大茂盛，叶绿且花序玫红，量多色艳，适合用作园林花境、地被等，很有野趣。果实可入药，有活血、止痛、利尿等功效。

2.1.5 水蓼 *Polygonum hydropiper*

科属：蓼科蓼属。

形态特征：一年生直立草本植物，高达80 cm。茎红紫色，无毛，节常膨大。叶互生，披针形或椭圆状披针形，先端渐尖，基部楔形，托鞘膜质，筒状，有短缘毛。穗状花序腋生或顶生，细弱下垂，花稀疏，花被4~5深裂，绿色，上部白或淡红色，雄蕊较花被短，花柱2~3。瘦果卵形，黑色无光，扁平。花期5~9月，果期6~10月。

习性：喜水喜湿，常生长于湿地、水边或水中。

应用：花序秀丽，花期长，可用于园林湿地、水边绿化。全草入药。

2.1.6 愉悦蓼 *Polygonum jucundum*

科属：蓼科蓼属。

形态特征：一年生草本植物。茎直立，基部近平卧，多分枝，无毛。叶椭圆状披针形，先端渐尖，基部楔形，边缘全缘，具短缘毛。叶柄长3～6 mm，托叶鞘膜质，淡褐色，筒状顶端截形，具缘毛。总状花序呈穗状，顶生或腋生，小花排列紧密，淡紫红色；苞片漏斗状，绿色，每苞内具3～5朵花，花梗比苞片长，花被5深裂，雄蕊7～8，花柱3，下部合生。瘦果卵形，具3棱，黑色有光泽。花期8～9月，果期9～11月。

习性：生于山坡草地、山谷路旁及沟边湿地，适应性强。

应用：花序量大，可爱秀丽，适合用作园林花境、地被等。

2.1.7 长鬃蓼 *Polygonum longisetum*

科属：蓼科蓼属。

形态特征：一年生草本植物。叶披针形或宽披针形，先端尖，基部楔形，叶柄短或近无柄，托叶鞘具缘毛。穗状花序直立，苞片漏斗状，花被5深裂，淡红或紫红色，椭圆形，花柱3，中下部连合。瘦果宽卵形，具3棱。花期6～8月，果期7～9月。

习性：阳性植物，稍耐阴，耐寒，也耐热，耐干旱瘠薄，潮湿处也能生长，适应性强。

应用：株形低矮，花序密集，色彩明快，盛开时如粉红色的花毯，覆盖性好，宜成片栽植用于裸地、荒坡的绿化，适合用作园林花境、地被等。

2.1.8 青葙 *Celosia argentea*

科属：苋科青葙属。

形态特征：一年生直立草本植物，高达1 m，全株无毛。茎有分枝，具条纹。叶长圆状披针形、披针形或披针状条形，绿色常带红色，先端尖或渐尖，具小芒尖，基部渐窄。塔状或圆柱状穗状花序不分枝，苞片及小苞片披针形，白色，先端渐尖成细芒，具中脉；花被片长圆状披针形，花初为白色顶端带红色，或全部粉红色，后白色，花药、花柱紫色。胞果卵形，包在宿存花被片内。种子肾形，扁平，双凸。花期5~8月，果期6~10月。

习性：喜温暖，耐热，有一定的抗寒力和耐旱力。对土壤要求不严，但吸肥力强，喜有机质丰富、肥沃的疏松土壤。生长缓慢，寿命长，耐修剪。

应用：花量繁多，颜色鲜艳，花期长，可作盆栽，在园林中也可用作花坛、切花等。

2.1.9 繁缕*Stellaria media*

科属：石竹科繁缕属。

形态特征：一至二年生草本植物。茎俯仰或上升，多分枝，常带淡紫红色。叶卵形，先端尖，基部渐窄，全缘，下部叶具柄，上部叶常无柄。聚伞花序顶生，或单花腋生，萼片5，卵状披针形，先端钝圆；花瓣5，白色，短于萼片，2深裂近基部；雄蕊3～5，短于花瓣，花柱3，短线形。蒴果卵圆形，稍长于宿萼，顶端6裂。种子多数，红褐色。花期3～6月，果期6～8月。

习性：喜温和湿润的环境，适应性较强。

应用：叶绿花白，较为素雅，适合用作园林地被等。茎、叶及种子供药用，嫩苗可食，但有剧毒记载。

2.1.10 蚤缀*Arenaria serpyllifolia*

科属：石竹科蚤缀属。

形态特征：一年生或二年生草本植物，全株有白色短柔毛。茎丛生，下部平卧，上部直立，高10～30 cm。叶小，圆卵形，基部狭，顶端急尖，两面疏生柔毛，有睫毛，无柄。聚伞花序疏生枝端，披针形萼片5，倒卵形白色花瓣5，顶端钝圆，雄蕊10，花柱3。蒴果卵圆形，与宿存萼等长，顶端6裂。种子肾形，淡褐色。花期6～8月，果期8～9月。

习性：适应性强，各地均有分布。

应用：茎叶簇生散铺，叶花小巧，可作园林地被等。此外，全草入药，能清热、解毒、明目，治急性结膜炎、麦粒肿、咽喉痛。

2.1.11 女娄菜 *Silene aprica*

科属：石竹科女娄菜属。

形态特征：一至二年生草本植物，全株密被灰色柔毛。茎单生或数个。基生叶倒披针形或窄匙形，基部渐窄成柄状，茎生叶倒披针形、披针形或线状披针形。圆锥花序，花梗直立；苞片披针形，渐尖，草质，具缘毛；花萼卵状钟形，密被柔毛；雌雄蕊柄极短或近无，被柔毛；花瓣白或淡红色，微露出花萼，具缘毛，瓣片倒卵形，2裂；副花冠舌状；雄蕊、花柱不外露。蒴果卵圆形，与宿萼近等长。种子圆肾形，具小瘤。花期5～7月，果期6～8月。

习性：适应性强，分布于全国各地。

应用：花形奇特，小花素雅，可用作园林地被等。此外，具有活血调经、下乳、健脾、利湿、解毒之功效。

2.1.12 麦瓶草*Silene conoidea*

科属：石竹科蝇子草属。

形态特征：一年生草本植物，高达60 cm，全株被腺毛。茎直立丛生，节明显而膨大，叉状分枝。基生叶匙形，茎生叶对生，长圆形或披针形，基部楔形，两面被短柔毛，具缘毛。聚伞花序具数花，花两性，直立；花梗细长，被腺柔毛；花萼绿色，上端窄缩，下部膨大，有30条明显细脉，沿脉被腺毛，先端5齿裂；花瓣粉红色，爪不伸出花萼，窄披针形，具耳，瓣片倒卵形；副花冠窄披针形，白色，顶端具浅齿；雄蕊微伸出或内藏；花柱微伸出。蒴果梨状，黄色，有光泽，顶端6齿裂。种子肾形，暗褐色，具小疣，以种脐为圆心，整齐排列成数层半环状。花期5~6月，果期6~7月。

习性：性喜光亦较耐阴，不择土壤，以疏松、排水良好的砂壤土生长较好，常生于田野、路旁、草地或麦田中。

应用：花冠紫红，花萼膨大可爱，可用作园林花境、地被等。此外，还具有养阴、清热、止血、调经等药用功效。

2.1.13 瞿麦 *Dianthus superbus*

科属：石竹科石竹属。

形态特征：多年生草本植物，高达60 cm。茎丛生，直立，圆柱形，绿色，无毛，上部分枝，节部略膨大。叶对生，线状披针形，基部合生成鞘状，绿色，有时带粉绿色。花1～2朵，顶生，有时顶下腋生；苞片2～3对，花萼筒形，常染紫红色晕，萼齿披针形，长4～5 mm；花瓣淡红或带紫色，稀白色，长4～5 cm，爪长1.5～3 cm，内藏，瓣片宽倒卵形，边缘缝裂至中部或中部以上，喉部具丝毛状鳞片；雄蕊及花柱微伸出。蒴果筒形，与宿萼等长或稍长，顶端4裂。种子扁卵圆形，长约2 mm，黑色，有光泽。花期6～9月，果期8～10月。

习性：喜阳、耐寒、耐干旱，怕涝，喜排水良好、肥沃的砂质土壤，常生于山坡、草地、路旁或林下。

应用：花色淡红，花形极其美丽，可用作布置花坛、花境或岩石园，也可盆栽或做切花等。此外，全草入药，有清热、利尿、破血通经功效，还可作农药。

2.1.14 麦蓝菜 *Vaccaria segetalis*

科属：石竹科王不留行属。

形态特征：一年生或二年生草本植物，高达70 cm，全株无毛，微被白粉，呈灰绿色。茎直立，单生，上部分枝。叶片卵状披针形或披针形，基部圆形或近心形，微抱茎，顶端急尖。伞房花序稀疏；花梗细，长1~4 cm；苞片披针形，着生于花梗中上部；花萼卵状圆锥形，后期微膨大呈球形，棱绿色，棱间绿白色；雌、雄蕊柄极短；花瓣淡红色，爪狭楔形，淡绿色，瓣片狭倒卵形，斜展或平展，微凹缺，有时具不明显的缺刻；雄蕊内藏；花柱线形，微外露。蒴果宽卵形或近圆球形。种子近圆球形，红褐色至黑色。花期5~7月，果期6~8月。

习性：喜温暖气候，对土壤要求不严格，忌积水。

应用：花瓣粉红，花形可爱，可用作园林地被等。此外，其种子为中药“王不留行”，具有活血通经、下乳消肿、利尿通淋的功效。

2.1.15 毛茛 *Ranunculus japonicus*

科属：毛茛科毛茛属。

形态特征：多年生草本植物。根茎短，茎中空。基生叶数枚，心状五角形，3深裂，中裂片楔状菱形或菱形，3浅裂，具不等牙齿，侧裂片斜扇形，不等2裂，茎生叶渐小。花序顶生，具花3～15朵，萼片5，卵形，花瓣5，倒卵形；雄蕊多数，花柱宿存。瘦果扁，斜宽倒卵圆形，具窄边。花期4～8月。

习性：适应性强，分布广泛。

应用：花形小巧，亮黄色，可用作园林地被、花境等。此外，全草具毒，也可药用。

2.1.16 石龙芮 *Ranunculus sceleratus*

科属：毛茛科毛茛属。

形态特征：一年生草本植物，茎直立，上部多分枝，无毛或疏被柔毛。基生叶多数，叶肾形或宽卵形，基部心形，3深裂不达基部，中裂片楔形或菱形，3浅裂，小裂片具1~2钝齿或全缘，侧裂片斜倒卵形，不等2裂，两面无毛或下面疏被柔毛；茎生叶渐小。聚伞花序顶生，有多数小花，苞片叶状，萼片5，椭圆形；花瓣5，倒卵形；雄蕊10多枚。聚合果长圆形，瘦果小而极多，倒卵球形，无毛，偶具2~3条短横纹；宿存柱头。花果期5~8月。

习性：喜温暖潮湿的环境，适应性强。

应用：花形小巧美丽，可用于园林湿生、地被绿化等。

2.1.17 猫爪草 *Ranunculus ternatus*

科属：毛茛科毛茛属。

形态特征：一年生草本植物。小块根卵球形或纺锤形。茎高达18 cm，疏被柔毛。基生叶5～10，三出复叶，少数叶为单叶，叶长达1.5 cm，宽达2.4 cm，小叶菱形，2～3浅裂或深裂；单叶五角形或宽卵形，3浅裂至3全裂，叶柄长2～6 cm；茎生叶较小，无柄，3全裂，裂片线形。单花顶生，花托无毛；萼片5，卵形或宽卵形；花瓣5，倒卵形；雄蕊多数。瘦果卵球形，长1～1.2 mm，无毛；宿存花柱长约0.2 mm。花期3～5月。

习性：喜光，也耐阴，喜温暖湿润的气候，较耐水湿。生于丘陵、旱坡、田埂、路旁、荒地阴湿处，适应性强，对土壤要求不高。

应用：花量繁多，花姿玲珑，颜色明快，可用作园林地被等。

2.1.18 茴茴蒜*Ranunculus chinensis*

科属：毛茛科毛茛属。

形态特征：一年生草本植物。茎直立粗壮，中空，有纵条纹，多分枝，与叶柄被开展糙毛。基生叶数枚，为三出复叶，小叶具柄；茎生叶渐小。花序顶生，有较多疏生小花，花梗长0.5～2 cm；萼片5，反折，窄卵形，长3～5 mm；花瓣5，宽卵圆形，长5～6 mm，黄色或上面白色；雄蕊多数。聚合果长圆形；瘦果扁平，无毛，具窄边，喙极短，宿存花柱长0.2 mm。花果期4～9月。

习性：喜温暖湿润的环境，适应性强，分布于我国各地，常生于平原、丘陵、溪边、田旁的水湿草地等。

应用：花形小巧美丽，可用作园林地被等。此外，全草药用，有消炎、退肿、杀虫的功效。

2.1.19 瓣蕊唐松草 *Thalictrum petaloideum*

科属：毛茛科唐松草属。

形态特征：多年生草本植物，植株全部无毛。茎高达80 cm，上部分枝。基生叶数个，为三至四回三出或羽状复叶；小叶草质，形状变异很大，倒卵形、宽倒卵形、窄椭圆形、菱形或近圆形，3裂或不裂，全缘，脉平；叶柄长达10 cm。花序伞房状，有少数或多数花；萼片4，白色，早落，卵形，长3～5 mm；雄蕊多数，花丝上部倒披针形，下部丝状；心皮4～13，无柄，花柱明显，腹面具柱头。瘦果窄椭圆形，稍扁，宿存花柱长1 mm。花期6～7月。

习性：分布较广，适应性强。

应用：枝叶舒展，花小繁密，花丝下垂披散，潇洒飘逸，非常美丽，可用作园林垂直绿化、岩生地被、自然风景园丛植点缀，亦可盆栽观赏等。

2.1.20 白头翁 *Pulsatilla chinensis*

科属：毛茛科白头翁属。

形态特征：植株高达35 cm，根状茎粗壮。基生叶4～5，宽卵形，有长柄，下面被柔毛，3全裂，中裂片常具柄。花葶1～2，被柔毛，苞片3，基部合生成筒状，裂片线形；花梗长2.5～5.5 cm，花直立，萼片蓝紫色，6片，长圆状卵形；雄蕊长约萼片之半。聚合瘦果扁纺锤形，长3.5～4 mm，被长柔毛，宿存花柱长3.5～6.5 cm，被向上斜展长柔毛。花期4～5月。

习性：喜凉爽干燥气候，喜土层深厚、排水良好的砂质壤土。耐寒，耐旱，不耐高温，不耐积水。

应用：白头翁全株被毛，羽毛状花柱宿存，形如头状，极为别致，可用作园林地被，也可用于花坛或盆栽欣赏等。此外，还可药用，治疗痔疮等出血症状。

2.1.21 诸葛菜 *Orychophragmus violaceus*

科属：十字花科诸葛菜属。

形态特征：一年生或二年生草本植物，高达50 cm。茎直立，单一或上部分枝。基生叶心形，锯齿不整齐；下部茎生叶大头羽状深裂或全裂，顶裂片卵形或三角状卵形，长3～7 cm，全缘、有牙齿、钝齿或缺刻，基部心形，有不规则钝齿，侧裂片2～6对，斜卵形、卵状心形或三角形，全缘或有齿；上部叶长圆形或窄卵形，基部耳状抱茎，锯齿不整齐。花紫、浅红或白色；萼片紫色；花瓣宽倒卵形，基部爪长达1.5 cm。长角果线形，具4棱。种子卵圆形或长圆形，黑棕色，有纵条纹。花期3～5月，果期5～6月。

习性：适应性强，耐寒，较耐阴，少有病虫害，在肥沃、湿润、阳光充足的环境下生长健壮，在阴湿环境中也表现出良好的性状。

应用：冬季绿叶葱翠，早春花开成片，紫色柔美悦目，花期长，适用于大面积地面覆盖，为良好的园林阴处或林下地被植物，也可用作花境栽培等。

2.1.22 葶苈 *Draba nemorosa*

科属：十字花科葶苈属。

形态特征：一年生或二年生草本植物。茎直立，单一或分枝，被毛。莲座状基生叶有柄，倒披针形，一回羽状浅裂或深裂，边缘疏生细齿或近全缘；茎生叶长卵形或卵形，先端尖，基部楔形或圆形，边缘有细齿，被毛。总状花序顶生，花小，排列稀疏。萼片4，椭圆形；花瓣黄色，花后白色，倒楔形，长约2 mm，先端凹；雄蕊2或4，等长；花药短心形；雌蕊1，子房卵圆形而扁，无花柱。短角果长圆形或长椭圆形。种子椭圆形，褐色。花期3～4月，果期5～6月。

习性：分布较广，适应性强。

应用：开花素雅，可用作园林地被等。

2.1.23 小花糖芥 *Erysimum cheiranthoides*

科属：十字花科糖芥属。

形态特征：一年生草本植物，高达50 cm。茎被丁字毛。基生叶莲座状，叶长2~4 cm，被毛，有柄；茎生叶披针形或线形，长2~6 cm，具波状疏齿或近全缘，两面具毛。总状花序。萼片长圆形或线形，长2~3 mm，外面有毛；花瓣淡黄色，匙形，长4~5 mm，先端圆或平截，基部具爪。长角果圆柱形，具4棱，长2~4 cm，具毛；果柄粗。种子卵圆形，淡褐色。花果期5~6月。

习性：分布广泛，适应性强。

应用：小花黄色秀丽，可用作园林地被等。

2.1.24 龙牙草*Agrimonia pilosa*

科属：蔷薇科龙牙草属。

形态特征：多年生草本植物。茎高30～120 cm，被疏柔毛及短柔毛，稀下部被稀疏长硬毛。叶为间断奇数羽状复叶，常有3～4对小叶，杂有小型小叶；小叶倒卵形至倒卵状披针形，具锯齿。穗状总状花序顶生，花瓣黄色，长圆形；雄蕊5至多枚，花柱2。瘦果倒卵状圆锥形，外面有10条肋，被疏柔毛，顶端有数层钩刺。花果期5～12月。

习性：我国南北均有分布，适应性强。

应用：黄色花序美丽，可作园林花境、地被等。此外，全草入药，并可制栲胶、农药。

2.1.25 地榆*Sanguisorba officinalis*

科属：蔷薇科地榆属。

形态特征：多年生草本植物，高达1.2 m。茎有棱，无毛或基部有稀疏腺毛。基生叶为羽状复叶，小叶4～6对，叶柄无毛或基部有稀疏腺毛；小叶有短柄，卵形或长圆状卵形，先端圆钝稀急尖，基部心形或浅心形，有粗大圆钝稀急尖锯齿，两面绿色，无毛；茎生叶较少，小叶有短柄或几无柄，长圆形或长圆状披针形，基部微心形或圆形，先端急尖：基生叶托叶膜质，褐色，外面无毛或被稀疏腺毛，茎生叶托叶草质，半卵形，有尖锐锯齿。穗状花序椭圆形、圆柱形或卵圆形，直立，从花序顶端向下开放。苞片膜质，披针形，比萼片短或近等长，背面及边缘有柔毛：萼片4，紫红色，椭圆形或宽卵形，背面被疏柔毛，雄蕊4，花丝丝状，与萼片近等长或稍短；子房无毛或基部微被毛。瘦果包藏宿存萼筒内，有4棱。花果期7～10月。

习性：喜光，耐寒，耐高温多雨，喜砂性土壤，生命力旺盛。

应用：花序鲜艳可爱，花萼紫红美丽，可用作园林花境、地被等。此外，具有凉血止血、解毒敛疮的功效。

2.1.26 印度草木犀 *Melilotus indicus*

科属：豆科草木犀属。

形态特征：一年生草本植物，根系细而松散。茎直立，作之字形曲折，自基部分枝，圆柱形，初被细柔毛，后脱落。羽状三出复叶；托叶披针形，先端长，基部扩大成耳状，有2～3细齿；叶柄细，与小叶近等长，小叶倒卵状楔形至狭长圆形，近等大，先端钝或截平，有时微凹，基部楔形，边缘在三分之二处以上具细锯齿，上面无毛，下面被贴伏柔毛，平行直达齿尖，两面均平坦。总状花序细，总梗较长，被柔毛，具花15～25朵；苞片刺毛状，甚细；花小，花梗短，萼杯状，明显隆起；花冠黄色，旗瓣阔卵形，先端微凹，与翼瓣、龙骨瓣近等长，或龙骨瓣稍伸出；子房卵状长圆形，无毛，胚珠2粒。荚果球形，稍伸出萼外，表面具网状脉纹，橄榄绿色，熟后红褐色。种子1粒，阔卵形，暗褐色。花期3～5月，果期5～6月。

习性：喜光，喜温，耐盐碱，不耐寒。

应用：枝叶纤细，花序美丽，可用作园林地被等。

2.1.27 南苜蓿 *Medicago polymorpha*

科属：豆科苜蓿属。

形态特征：一年生或二年生草本植物，高20～90 cm。茎平卧、上升或直立，近四棱形，基部分枝，无毛或微被毛。羽状三出复叶；托叶大，卵状长圆形，先端渐尖，基部耳状；叶柄细柔，长1～5 cm，上面具浅沟；小叶倒卵形或三角状倒卵形，几等大，边缘1/3以上具浅锯齿，上面无毛，下面被疏柔毛。头状伞形花序，腋生，具1～10朵花；花序梗通常比叶短，花序轴先端不呈芒状尖；苞片甚小；花萼钟形，萼齿披针形，与萼筒近等长；花冠黄色，旗瓣倒卵形，比翼瓣和龙骨瓣长，翼瓣长圆形，基部具耳和稍宽的瓣柄，齿突甚发达，龙骨瓣比翼瓣稍短；子房长圆形，镰状上弯，微被毛。荚果盘形，暗绿褐色，紧旋1.5～2.5圈，有辐射状脉纹，近边缘处环结，每圈外具棘刺或瘤突15，内具1～2种子。种子长肾形，平滑。花期3～5月，果期5～6月。

习性：喜温暖半湿润气候，非常抗旱，不耐水渍，抗寒性强，对土壤要求不严。

应用：枝叶繁茂，花序黄色美丽，可用作园林地被等。

2.1.28 歪头菜 *Vicia unijuga*

科属：豆科野豌豆属。

形态特征：多年生草本植物。茎常丛生，具棱，疏被柔毛，老时无毛。叶轴顶端具细刺尖，偶见卷须；托叶戟形或近披针形，边缘有不规则齿；小叶1对，卵状披针形或近菱形，先端尾状渐尖，基部楔形，边缘具小齿状，两面均疏被微柔毛。总状花序单一，稀有分支呈复总状花序，明显长于叶，有8～20朵密集的花。花萼紫色，斜钟状或钟状，无毛或近无毛，萼齿长为萼筒的1/5；花冠蓝紫、紫红或淡蓝色，旗瓣中部两侧缢缩，呈倒提琴形，龙骨瓣短于翼瓣；子房无毛，胚珠2～8，具子房柄。荚果扁，长圆形，无毛，棕黄色，近革质。花期6～7月，果期8～9月。

习性：喜光，稍耐阴、耐瘠薄，喜冷凉气候。

应用：植株秀丽，花序硕大成串，花蓝紫色或蓝色，花色艳丽，是优良的夏季观花、城市绿化观赏植物，可用作园林花境、地被等，嫩叶可食。

2.1.29 窄叶野豌豆 *Vicia angustifolia*

科属：豆科野豌豆属。

形态特征：一年生或二年生草本植物，茎蔓生或攀援，多分枝，被疏柔毛。偶数羽状复叶，叶轴顶端卷须发达；小叶4～6对，线形或线状长圆形，先端平截或微凹，具短尖头，基部近楔形，叶脉不甚明显，两面被浅黄色疏柔毛；花1～2朵，腋生，有小苞叶；花萼钟形，萼齿5，花冠红色或紫红色，旗瓣倒卵形，先端圆、微凹，有瓣柄，翼瓣与旗瓣近等长，龙骨瓣短于翼瓣；子房被毛，胚珠5～8，子房柄短，花柱顶端具一束髯毛。荚果长线形，微弯，种皮黑褐色，革质。花期3～6月，果期5～9月。

习性：喜生于河滩荒地、山坡草地、灌丛林下及农区的路边、田埂、沟边等闲荒地上。耐寒性较强，不耐高温，根系较浅，耐旱性较弱。不耐践踏，再生性不强。

应用：枝叶秀丽，花色紫红艳丽，可用于园林地被等。

2.1.30 长柔毛野豌豆 *Vicia villosa*

科属：豆科野豌豆属。

形态特征：一年生或二年生草本植物，攀援或蔓生，全体被长柔毛。茎有棱，柔软，多分枝。羽状复叶，叶轴粗壮，有棱，顶端卷须有2～3分支；托叶半边箭形，小叶5～10对，长圆形、线状长圆形或线状披针形，先端钝而有突尖，基部楔形。总状花序腋生，较叶长或等长，具小花20～30朵；花生于花轴一侧；小花梗短，萼斜钟状，密被长柔毛，萼齿5，近锥形，下面3齿较长；花冠紫色、淡紫色或淡红色；旗瓣提琴状长圆形，中部缢缩，先端凹；翼瓣先端圆形，有耳及爪；龙骨瓣短于翼瓣。荚果长圆状菱形，侧扁，先端具喙。种子2～8，小，球状，近黑色。花期5～6月，果期6～7月。

习性：适应性较强，分布较广。

应用：紫红色花序繁多，非常美丽，可用作园林地被等。也可作为优良饲料及绿肥作物。此外，种子具药用价值。

2.1.31 广布野豌豆 *Vicia cracca*

科属：豆科野豌豆属。

形态特征：多年生攀援或蔓性草本植物，高40～150 cm，有微毛。茎有棱，被柔毛。偶数羽状复叶，顶端卷须有2～3分支；托叶半箭头形或戟形，上部2深裂；小叶4～12对互生，全缘，长椭圆形、线形或披针形，基部近圆形，表面无毛，背面有短柔毛；叶脉稀疏，呈三出脉状，不甚清晰。总状花序腋生，花多数，密集生于总花序轴上侧；花萼钟形，有5裂齿，上面2齿较长；花冠紫色、蓝紫色或紫红色；旗瓣长圆形，中部缢缩呈提琴形，先端微缺；翼瓣与旗瓣近等长，明显长于龙骨瓣。荚果长圆形，先端有喙，褐色。种子3～6，扁圆球形，小，种皮黑褐色，花果期5～9月。

习性：分布广，适应性强。

应用：枝叶秀丽，花色紫红艳丽，可用作园林地被，同时为水土保持绿肥作物，还可作牧草和蜜源植物。此外，可供药用。

2.1.32 紫云英 *Astragalus sinicus*

科属：豆科黄芪属。

形态特征：二年生匍匐草本植物，多分枝，高10～30 cm，被白色疏柔毛。奇数羽状复叶，具7～13片小叶；叶柄较叶轴短；托叶离生，先端尖；小叶倒卵形或椭圆形，先端钝圆或微凹，基部宽楔形，上面近无毛，下面散生白色柔毛，具短柄。总状花序呈伞形，腋生，生5～10朵花，总花梗较叶长；小花梗短；花萼钟状，被白色柔毛，萼齿披针形，长约为萼筒的1/2；花冠紫红色或橙黄色，旗瓣倒卵形，先端微凹，基部渐狭成瓣柄，翼瓣较旗瓣短，龙骨瓣与旗瓣近等长，瓣片半圆形，瓣柄长约等于瓣片的1/3；子房无毛或疏被白色短柔毛，具短柄。荚果线状长圆形，稍弯曲，具短喙，黑色，具隆起的网纹；种子肾形，栗褐色。花期2～6月，果期3～7月。

习性：喜温暖湿润的气候和排水良好的土壤，抗旱力弱，耐湿性强，幼苗耐荫力较强。

应用：花序紫红色美丽，可用作园林地被等。另外，绿肥牧草兼用，既可作绿肥肥田，又可作为青饲料喂畜禽。

2.1.33 白鲜 *Dictamnus dasycarps*

科属：芸香科白鲜属。

形态特征：多年生宿根草本植物，高可达100 cm。根斜生，肉质粗长。茎直立，幼嫩部分密被长毛及水泡状凸起的油点。奇数羽状复叶，有小叶9～13片，小叶对生，无柄，顶端一片小叶具长柄，叶缘有细锯齿，叶脉不甚明显，中脉被毛，叶轴有狭窄冀叶。总状花序可长达30 cm；花梗长1～1.5 cm；花瓣白带淡紫红色或粉红带深紫红色脉纹，倒披针形；雄蕊伸出于花瓣外；萼片及花瓣均密生透明油点。果实为蓇葖果，沿腹缝线开裂为5个分果瓣，每分果瓣又深裂为2小瓣。每分果瓣有种子2～3粒。种子阔卵形或近圆球形，光滑。花期5月，果期8～9月。

习性：喜温暖湿润的气候，耐寒、怕旱、怕涝、怕强光照。

应用：春末夏初，叶丛抽出粉红或白色花序，恬静典雅，可配植花境和作切花等。根皮制干后为白鲜皮，是中药，味苦，性寒，具祛风除湿、清热解毒的功效。

2.1.34 乳浆大戟 *Euphorbia esula*

科属：大戟科大戟属。

形态特征：多年生草本植物。茎单生或丛生，单生时自基部多分枝，高30～60 cm。叶线形至卵形，变化极不稳定，长2～7 cm，先端尖或钝尖，基部楔形至平截；无叶柄；不育枝叶常为松针状，无柄。花序单生于二歧分枝的顶端，基部无柄；总苞钟状，边缘5裂；腺体4，新月形，两端具角，褐色。雄花多枚，苞片宽线形，无毛；雌花1枚，子房柄明显伸出总苞之外；子房光滑无毛。蒴果三棱状球形，具3个纵沟；花柱宿存。种子卵球状，成熟时黄褐色。花果期4～10月。

习性：生于路旁、杂草丛、山坡、林下、河沟边、荒山、沙丘及草地，适应性强。

应用：花序有规律，素雅秀丽，可作岩生绿化、园林地被等。此外，还可入药。

2.1.35 泽漆 *Euphorbia helioscopia*

科属：大戟科大戟属。

形态特征：一年生或二年生草本植物，全株含乳汁。茎基部分枝，带紫红色。叶互生，倒卵形或匙形，先端微凹，边缘中部以上有细锯齿，无柄。茎顶有5片轮生的叶状苞；多歧聚伞花序，顶生，有5伞梗，每伞梗生3个小伞梗；子房3室，花柱3。蒴果无毛。种子卵形，表面有凸起的网纹。花期4～5月，果期6～7月。

习性：分布广泛，适应性较强。

应用：枝叶青翠，花序有规律，素雅秀丽，可用作园林地被等。

2.1.36 紫花前胡 *Peucedanum decursivum*

科属：伞形科前胡属。

形态特征：多年生直立草本植物，茎高达1～2m，直立，中空，常紫色光滑，有纵沟。根生叶、茎生叶均有长柄，基部膨大成叶鞘，抱茎。叶片一回三全裂或一至二回羽状分裂；第一回裂片的小叶柄翅状延长，侧方裂片和顶端裂片的基部联合，沿叶轴呈翅状延长，翅边缘有锯齿；末回裂片卵形或长圆状披针形；表面深绿色，背面绿白色，主脉常带紫色。复伞形花序顶生和侧生，总苞片1～3，紫色宿存，卵圆形，阔鞘状；小总苞片3～8，线形至披针形，绿色或紫色；花深紫色，萼齿明显，花瓣倒卵形或椭圆状披针形，花药暗紫色。果实长圆形至卵状圆形，背棱线形隆起，尖锐，侧棱有较厚的狭翅，与果体近等宽。花期8～9月，果期9～11月。

习性：喜冷凉湿润的气候，耐旱、耐寒。适应性较强，在山地及平原均可生长，以肥沃深厚的腐殖质壤土生长最好。

应用：伞形花序大，紫色花美丽，可用作园林花境、地被等。

2.1.37 点地梅 *Androsace umbellata*

科属：报春花科点地梅属。

形态特征：一年生或二年生草本植物。须根系，叶基生，近圆形或卵圆形，具叶柄。花葶常数条从基部叶腋抽出。伞形花序4～15朵小花，具苞片数枚，小花花梗纤细，花萼杯状，花冠白色，直径4～6 mm，喉部黄色。蒴果近球形，果皮白色，近膜质。种子小，多数，棕褐色、长圆状多面体形，种皮有网纹。花期2～4月，果期5～6月。

习性：喜湿润、温暖、向阳环境和肥沃土壤，常生于山野草地或路旁，适应性强，自播繁衍。

应用：茎叶丛生，花如繁星，可用作园林地被等。此外，具药用功能，可清热解毒。

2.1.38 轮叶过路黄 *Lysimachia klattiana*

科属：报春花科珍珠菜属。

形态特征：多年生草本植物，茎直立，通常2至数条簇生，近圆柱形，密被铁锈色柔毛。叶6至多枚在茎端密聚成轮生状，在茎下部各节3～4枚轮生或对生，很少互生，叶片披针形至狭披针形，先端渐尖或稍钝，基部楔形，无柄或近于无柄，两面均被多细胞柔毛。伞形花序顶生，花序下方的叶腋偶有单生之花；花冠黄色，基部合生，裂片狭椭圆形，先端钝，有棕色或黑色长腺条；花丝基部合生成高约2.5 mm的筒，分离部分长2～3 mm；花药卵形；子房卵珠形。蒴果近球形。花期5～7月，果期8月。

习性：喜温暖、阴凉、湿润的环境，不耐寒。适宜肥沃疏松、腐殖质较多的砂质壤土。生于疏林下、林缘和山坡阴处草丛中。

应用：叶轮生，花黄色，鲜艳可爱，适于用作园林地被等。

2.1.39 狼尾花*Lysimachia barystachys*

科属：报春花科珍珠菜属。

形态特征：多年生直立草本植物，具横生根茎，全株密被卷曲柔毛。叶互生或近对生，长圆状披针形、倒披针形以至线形，先端钝或锐尖，基部楔形，近于无柄。总状花序顶生，花密集，常扭向一侧；花序轴长4～6 cm，后渐伸长，果实长达30 cm；苞片线状钻形；花萼长3～4 mm，分裂近达基部；花冠白色，常有暗紫色短腺条；雄蕊内藏，花丝基部连合并贴生于花冠基部；花药椭圆形；子房无毛，花柱短。蒴果球形。花期5～8月，果期8～10月。

习性：耐寒、耐旱、耐瘠薄，适应性强，常生于草甸、山坡路旁的灌木丛间。

应用：花序细长可爱，白色素雅，可作园林地被、花境、切花等。此外，具药用价值，用全草治疮疖、刀伤。

2.1.40 北方獐牙菜 *Swertia diluta*

科属：龙胆科獐牙菜属。

形态特征：一年生草本植物。茎直立，四棱形，棱上具窄翅，多分枝，枝细瘦，斜升。叶无柄，线状披针形至线形，两端渐狭，下面中脉明显突起。圆锥状复聚伞花序具多数花；花梗直立，四棱形，花5基数；花萼绿色，长于或等于花冠；花冠浅蓝色，裂片椭圆状披针形，先端急尖，基部有2个腺窝，腺窝窄矩圆形，沟状，周缘具长柔毛状流苏；花丝线形；子房无柄，椭圆状卵形至卵状披针形，花柱粗短，柱头2裂。蒴果卵形，种子深褐色，矩圆形，表面具小瘤状突起。花果期8～10月。

习性：喜温暖湿润的气候，耐寒，常生于阴湿山坡、林下、田边、谷地。

应用：花形美丽，花色斑驳素雅，可用于园林湿生绿化等。全草药用，可清热，健胃，利湿。

2.1.41 藤长苗 *Calystegia pellita*

科属：旋花科打碗花属。

形态特征：多年生草质藤本植物，嫩时有毛，后变无毛。茎缠绕或爬行，有细棱，少有分枝。单叶互生，叶披针形或长圆形，全缘，顶端钝圆或锐尖，具小短尖头，基部截形或稍呈心形而有不明显的小耳，两面都有细毛。花单生叶腋，花梗短于叶，长2～4 cm；苞片2，卵形，有毛；花冠淡红色，漏斗状，5浅裂。子房无毛，2室，每室2胚珠，柱头2裂。蒴果近球形，种子卵圆形，紫黑色或黑色。花期6～9月。

习性：分布于东北、华北、华东、华中各省，适应性强。

应用：花形花色美丽，可用于园林垂直绿化和地被等。另外，全草可作猪饲料。

2.1.42 圆叶牵牛 *Ipomoea purpurea*

科属：旋花科牵牛属。

形态特征：一年生缠绕草本植物，全株被粗硬毛。茎多分枝。单叶互生，叶圆心形或宽卵状心形，基部圆形或心形，顶端锐尖、骤尖或渐尖，常全缘，偶有3裂，两面疏或密被刚伏毛；叶柄长2~12 cm。花生于叶腋，单生或2~5朵着生于花序梗顶端成伞形聚伞花序；苞片线形；萼片近等长；花冠漏斗状，长4~6 cm，紫红色、红色、蓝紫色或近白色，花冠管通常白色，瓣中内面色深，外面色淡，先端5浅裂；雄蕊与花柱内藏；雄蕊5，不等长，花丝基部被柔毛；子房无毛，3室，每室2胚珠，柱头状。蒴果近球形，3瓣裂。种子卵状三棱形，黑褐色或米黄色。花期7~9月，果期9~11月。

习性：阳性，喜温暖，不耐寒，耐干旱瘠薄，常生于路边、野地和篱笆旁。种子繁殖。

应用：叶形花形可爱，花色艳丽，花期长，可用于园林垂直绿化和地被，也可作盆花栽培等。种子有药用价值。

2.1.43 牵牛 *Ipomoea nil*

科属：旋花科牵牛属。

形态特征：一年生缠绕草本植物，茎上被短柔毛及长硬毛。单叶互生，叶宽卵形或近圆形，深或浅的3裂，偶5裂，长4～15 cm，宽4.5～14 cm，基部圆心形，中裂片长圆形或卵圆形，渐尖或骤尖，侧裂片较短，三角形，叶面被微硬的柔毛；叶柄长2～15 cm，毛被同茎。花生于叶腋，单一或通常2朵着生于花序梗顶，花序梗长短不一，通常短于叶柄，毛被同茎；苞片线形或叶状，被开展的微硬毛；小苞片线形；萼片5，近等长，披针状线形；花冠漏斗状，蓝紫色或紫红色，花冠筒色淡；雄蕊及花柱内藏；雄蕊5，不等长；花丝基部被柔毛；子房3室，无毛，柱头状。蒴果近球形，3瓣裂。种子卵状三棱形，黑褐色或米黄色，被褐色短绒毛。

习性：喜阳光充足，亦可耐半遮荫。喜暖和凉爽，亦可耐暑热高温，但不耐寒，怕霜冻。喜肥美疏松土壤，能耐水湿和干旱，较耐盐碱。适应性较强，我国各地均有栽培。

应用：花形可爱，花色艳丽，可用作垂直绿化和园林地被等。除栽培供观赏外，种子为常用中药，有泻水利尿、逐痰、杀虫的功效。

2.1.44 打碗花 *Calystegia hederacea*

科属：旋花科打碗花属。

形态特征：一年生草质藤本植物，植株矮小，自基部分枝，全体不被毛。茎细，平卧，有细棱。单叶互生，基部叶片长圆形，顶端圆，基部戟形，上部叶片3裂，中裂片长圆形或长圆状披针形，侧裂片近三角形，常再2裂，叶片基部心形或戟形。花腋生，花梗长于叶柄；花萼外有2片大苞片，宽卵形；萼片5，长圆形，宿存；花冠淡紫色或淡红色，漏斗状，冠幅轮廓略呈五边形；雄蕊近等长，花丝基部扩大，贴生花冠管基部；子房上位，无毛，柱头2裂。蒴果卵球形，宿存萼片与之近等长或稍短。种子黑褐色，表面有小疣。花期7～9月。与同科其他常见种相比，花较小，喉部近白色。

习性：喜温和湿润的气候，也耐恶劣的环境，适应砂质土壤，是中国温和气候区沿海地带盐碱土的指示植物。

应用：叶形别致，花形花色美丽，可用于园林美化，作垂直绿化、地被、绿雕等。此外，全草入药。

2.1.45 旋花 *Calystegia sepium*

科属：旋花科打碗花属。

形态特征：多年生草质藤本植物，全株无毛。茎缠绕，有棱，多分枝。单叶互生，叶片3裂，呈椭圆状箭形或戟形，中裂片卵状扳针形或狭卵状三角形，侧裂片展开，略呈三角形，基部深心形或戟形，先端钝或稍锐尖，全缘；通常茎基部叶较宽，上部叶较狭细。花单生叶腋，花梗长约5 cm；苞片卵形；萼片5；花冠大，长约5 cm，淡红色，漏斗形，冠幅轮廓略呈圆形；雌蕊5，花丝基部膨大；雌蕊比雄蕊长，子房2室，每室2个胚珠，柱头2裂。蒴果球形，无毛。种子卵状三棱形，无毛。花期5~7月，果期7~8月。

和打碗花相比：旋花苞片大，花冠大，喇叭口相对较宽，冠幅轮廓偏圆，花色稍深；叶片较长，尾部两个裂片不明显，形如突起。

习性：喜温暖、湿润、阳光充足，耐寒。对土壤要求不严，喜富含腐殖质、排水良好的土壤。

应用：叶形别致，花形花色美丽，可用于园林垂直绿化和园林地被等。

2.1.46 梓木草*Lithospermum zollingeri*

科属：紫草科紫草属。

形态特征：多年生匍匐草本植物。茎直立，有开展的糙伏毛。基生叶有短柄，叶片倒披针形或匙形，两面都有短糙伏毛但下面毛较密；茎生叶与基生叶同形而较小，先端急尖或钝，基部渐狭，近无柄。花序长2～5 cm，有1至数朵小花，苞片叶状；花有短梗；花萼裂片线状披针形，两面都有毛；花冠蓝色或蓝紫色，长1.5～1.8 cm，外面稍有毛，喉部有5条向筒部延伸的纵褶，纵褶长约4 mm；雄蕊着生纵褶之下；花柱长约4 mm，柱头状。小坚果斜卵球形，乳白色而稍带淡黄褐色，平滑，有光泽，腹面中线凹陷呈纵沟。花果期5～8月。

习性：喜温暖湿润气候，多生于低山草坡、丘陵和灌丛下。

应用：小花点点，犹如繁星，天蓝色有光泽，极美丽，可用作园林地被等。果实供药用，具消肿、止痛等功效。

2.1.47 附地菜 *Trigonotis peduncularis*

科属：紫草科附地菜属。

形态特征：一年生草本植物。茎丛生，密集，铺散，基部多分枝，被平伏细毛。单叶互生，基生叶呈莲座状，有叶柄，叶片匙形，先端圆钝，基部楔形或渐狭，两面被糙伏毛，上部叶长圆形或椭圆形，无叶柄或具短柄。花序生茎顶，幼时卷曲，后渐次伸长，长5～20 cm；花梗短，花后伸长，长3～5 mm，顶端与花萼连接部分变粗呈棒状；花萼裂片卵形，先端急尖；花冠淡蓝色或粉色，筒部甚短，喉部附属物5枚，白色或带黄色。小坚果4，斜三棱锥状四面体形，黑色有光泽，表面具细毛，有短柄，背面具3锐棱。花期4～6月，果期7～9月。

习性：喜光，适应性强，常生于田野、路旁、荒草地或丘陵林缘、灌木林间。

应用：植株铺散附地，小花美丽，可用于园林地被等。

2.1.48 柔弱斑种草*Bothriospermum enellum*

科属：紫草科斑种草属。

形态特征：一年生草本植物。茎多分枝，丛生，直立或平卧，细弱，被向上贴伏的糙伏毛。叶椭圆形或狭椭圆形，先端钝，具小尖，基部宽楔形，上下两面被向上贴伏的糙伏毛或短硬毛。花序柔弱，细长，长10～20 cm，花小；苞片椭圆形或狭卵形，被伏毛或硬毛；花梗短，果期不增长或稍增长；花萼短，外面密生向上的伏毛，内面无毛或中部以上散生伏毛；花冠蓝色、淡蓝色或近白色，基部直径1 mm，喉部有5个梯形的附属物；花柱圆柱形。小坚果肾形，腹面具纵椭圆形的环状凹陷。花果期2～5月。

习性：适应性强，分布广，常见于各地山坡路边、田间草丛、山坡草地及溪边阴湿处。

应用：花小叶细，花色蓝色美丽，可用作园林湿生绿化和地被等。此外，具药用价值，能止咳等。

2.1.49 马鞭草 *Herba Verbenae*

科属：马鞭草科马鞭草属。

形态特征：多年生直立草本植物。茎上部方形，老后下部近圆形，节和棱上有硬毛。叶对生，卵形至短圆形，长2～8 cm，宽1～5 cm，基生叶的边缘通常有粗锯齿和缺刻，茎生叶无柄，多数3深裂，有时羽裂，裂片边缘有不整齐锯齿，两面均有硬毛。穗状花序顶生和腋生，细弱，形似马鞭；花小，无柄，最初密集，结果时疏离；苞片稍短于花萼，具硬毛；花萼管状，5齿裂；花冠管状，淡紫至蓝色，裂片5，近2唇形；二强雄蕊，着生于花冠管的中部；子房无毛，4室，每室1胚珠。果长圆形，成熟时4瓣裂。花期6～8月，果期7～10月。

习性：喜干燥、阳光充足的环境。喜肥沃，喜湿润，怕涝，不耐干旱，一般的土壤均可生长，但以土层深厚、肥沃的壤土及砂壤土为良。常生长在低至高海拔的路边、山坡、溪边或林旁。

应用：夏秋季观花，淡紫色、蓝色，素雅美丽，可用于园林花境等。此外，具药用价值。

2.1.50 金疮小草*Ajuga decumbens*

科属：唇形科筋骨草属。

形态特征：一年生或二年生草本植物，具匍匐茎，平卧或上升，被白色长柔毛，幼嫩部分尤多。老茎有时紫绿色。基生叶多，较茎生叶长且大。叶片纸质，匙形或倒卵状披针形，顶端钝至圆形，基部渐狭，下延，边缘具不整齐的波状圆齿或浅波状齿或几全缘，两面被疏糙伏毛或疏柔毛，以脉上为密；柄具狭翅，呈紫绿色或浅绿色。花轮具多花，排列成间断的穗状轮伞花序顶生，顶端的花轮密聚；下部苞片叶状，向上渐小，披针形。萼漏斗状，具10脉；花冠管状，淡蓝色或淡红紫色，外面被疏柔毛；檐部二唇形，上唇短，圆形，顶端微凹，下唇宽大，中裂片狭扇形或倒心形，侧裂片长圆形或近椭圆形；雄蕊花丝被疏柔毛或无毛；子房无毛。小坚果倒卵状三棱形，背部具网状皱纹。花期3～7月，果期5～11月。

习性：适应性较强，各地均有分布。

应用：花形美丽，花色素雅，适合做湿生绿化等。此外，可药用，具止咳、化痰、清热、凉血、消肿、解毒等功效。

2.1.51 韩信草 *Scutellaria indica*

科属：唇形科黄芩属。

形态特征：多年生直立草本植物，全株被毛。根茎短，茎四棱形，不分枝或多分枝，通常带暗紫色，被微柔毛。单叶对生，叶草质至近坚纸质，心状卵圆形或圆状卵圆形至椭圆形，先端钝或圆，基部圆形、浅心形至心形，边缘密生整齐圆齿，两面被微柔毛或糙伏毛，以下面较多。总状花序顶生；最下一对苞片叶状，卵圆形，边缘具圆齿，其余苞片均细小，卵圆形至椭圆形，全缘无柄；花萼钟状，外面被粘柔毛，具2唇，全缘；花冠蓝紫色，2唇形，上唇先端微凹，下唇有3裂片；雄蕊4，二强；花柱细长，子房光滑，4裂。小坚果横生，栗色或暗褐色，卵形，有小瘤状突起。花期4～5月，果期6～9月。

习性：喜湿润、蔽荫或部分遮阴的环境，对土壤要求不严，以疏松肥沃的砂质壤土为宜。

应用：花序花形秀丽，多用于园林地被、盆花及花坛栽培等。具药用价值。

2.1.52 夏枯草*Prunella vulgaris*

科属：唇形科夏枯草属。

形态特征：多年生草本植物。根茎匍匐，节上生不定根。茎上升，下部伏地，自基部多分枝，四棱形，其浅槽，紫红色，被稀疏的糙毛或无毛。叶卵状长圆形或卵圆形，大小不等，先端钝，基部圆形、截形至宽楔形，下延至叶柄成狭翅，边缘具不明显的波状齿或几近全缘，草质。轮伞花序密集组成顶生穗状花序，花序下方的一对苞叶似茎叶，近卵圆形；每一轮伞花序下有苞片，苞片宽心形，先端具长1~2 mm的骤尖头，膜质，浅紫色；花萼钟形；花冠紫、蓝紫或红紫色，长略超出于萼，冠檐二唇形，上唇近圆形，下唇约为上唇1/2，3裂，中裂片较大，近倒心脏形，先端边缘具流苏状小裂片，侧裂片长圆形，垂向下方，细小。雄蕊4；花柱纤细，先端2裂，裂片钻形，外弯；花盘近平顶；子房无毛。小坚果黄褐色，长圆状卵珠形，微具沟纹。花期4~6月，果期7~10月。

习性：喜阳光充足、温暖湿润的环境和排水良好的砂质壤土，能耐寒，适应性强，但低洼易涝地不宜栽培。

应用：花序别致，花色美丽，适合作园林湿生绿化等。另外，具有清火明目之功效，能治目赤肿痛、头痛等。

2.1.53 糙苏 *Phlomis umbrosa*

科属：唇形科糙苏属。

形态特征：多年生直立草本植物，高可达150 cm。根肉质。茎多分枝，四棱形，具浅槽，疏被倒生短硬毛，常带紫红色。叶对生，近圆形、卵圆形或长圆状卵形，两面被疏柔毛及星状柔毛；叶柄长1～12 cm。轮伞花序有花4～8朵，其下有较小的苞叶2片；苞片线状钻形，较坚硬，常紫红色；花萼管状，多密生星状毛，萼齿顶端具长约1.5 mm的小刺尖；花冠多粉红色、紫红色、稀白色，2唇形，长于萼筒，下唇较深色，常具红色斑点，喉部之上密布多数白色茸毛或星状毛，上唇2裂，扶曲，下唇3裂，外面密生茸毛；雄蕊4，内藏；花柱单一，柱头2裂。小坚果卵圆形，无毛。花期6～9月，果期9月。

习性：喜温暖环境，常生于疏林下或草坡上。

应用：夏秋观花，花色粉红，可用于园林花境等。

2.1.54 益母草 *Leonurus heterophyllus*

科属：唇形科益母草属。

形态特征：一年生或二年生直立草本植物，高60～100 cm。茎四棱形，微具槽，有倒向糙伏毛。叶对生，叶形多变。基生叶具长柄，叶片略呈圆形，5～9浅裂，裂片具2～3钝齿，基部心形；茎中部叶为菱形，较小，有短柄，3全裂，裂片近披针形，中央裂片常再3裂，两侧裂片再1～2裂；最上部叶不分裂，线形，近无柄，上面绿色，被糙伏毛，下面淡绿色，被疏柔毛及腺点。轮伞花序腋生，具花8～15朵；小苞片针刺状，向上伸出，基部略弯曲，比萼筒短；花萼管状钟形，外面贴生微柔毛，先端5齿裂，具刺尖；花冠唇形，粉红至淡紫红色，外面被柔毛，上唇与下唇几等长，上唇长圆形，全缘，下唇3裂，中央裂片较大，倒心形；雄蕊4，二强，花药2室；雌蕊1，子房4裂，花柱丝状，略长于雄蕊，柱头2裂。小坚果褐色，三棱形，先端较宽而平截，基部楔形。花期6～9月，果期7～10月。

习性：喜温暖湿润的气候，喜阳光，对土壤要求不严，一般土壤和荒山坡地均可种植，以较肥沃的土壤为佳。喜水分充足，但怕涝，不宜积水。生长于多种环境，以野荒地、路旁、田埂、山坡草地、河边等向阳处为多。

应用：夏秋观花，小花繁多美丽，粉红、紫红色，可用于园林花境等。此外，全草入药。

2.1.55 錾菜 *Leonurus pseudomacranthus*

科属：唇形科益母草属。

形态特征：多年生直立草本植物，全体较粗糙。茎方形，具4棱，有节，明显具槽，密被倒生的粗毛。单叶对生，带革质，两面均有灰白色毛，叶形多变；下部的叶有长柄，卵圆形或羽状3深裂，先端锐尖，基部楔形，边缘有粗锯齿和缘毛；中部的叶有短柄，披针状卵圆形，有粗锯齿；枝梢的叶无柄，椭圆形至倒披针形，全缘。轮伞花序腋生，多花，无柄，远离而向顶密集组成长穗状；小苞片少数，刺状，直伸；花萼管状，外面被微硬毛，5脉，萼齿5，先端刺尖，上3齿相似，呈三角形，下面2齿较大；花冠白色，常带紫纹，2唇，上唇匙形，先端微凹，下唇3浅裂，中间裂片倒心脏形；雄蕊4，2强；子房4裂，花柱丝状，柱头2裂。小坚果黑色，有3棱，表面光滑。花期7～9月，果期10～11月。

錾菜与益母草都是唇形科益母草属草本，又名白花益母草，与益母草有些相似。区别在于：錾菜的叶三裂达中部，裂片不再裂，且边缘疏生粗锯齿状牙齿，而益母草的叶三深裂达基部，裂片再羽状裂；錾菜的花较大，益母草的花较小。

习性：适应性强，常生于田埂、路旁、山坡石缝及溪边。

应用：夏秋季观花，花白色带紫纹，素雅清丽，可用于园林花境等。

2.1.56 野芝麻 *Lamium barbatum*

科属：唇形科野芝麻属。

形态特征：多年生直立草本植物。茎单生，高达1 m，四棱形，具浅槽，中空。茎下部的叶卵圆形或心脏形，先端尾状渐尖，基部心形；茎上部的叶卵圆状披针形，较茎下部的叶为长而狭，先端长尾状渐尖，边缘有微内弯的牙齿状锯齿，草质，两面均被短硬毛。轮伞花序4～14朵花，着生于茎端；苞片狭线形或丝状，锐尖；花萼钟形，外面疏被伏毛，膜质，萼齿披针状钻形；花冠白或浅黄色，冠筒基部直径2 mm，稍上方呈囊状膨大；雄蕊花丝扁平，花柱丝状，先端近相等的2浅裂。小坚果倒卵圆形，先端截形，基部渐狭，淡褐色。花期4～6月，果期7～8月。

习性：适应性强，常生于路边、溪旁、田埂及荒坡上。

应用：春夏季观花，黄白色，素雅秀丽，可用于园林花境等。另外，还可入药。

2.1.57 水苏*Stachys japonica*

科属：唇形科水苏属。

形态特征：多年生直立草本植物。根状茎长，横走。茎不分枝，基部多少匍匐，四棱形，具槽，在棱及节上被小刚毛，余部无毛。单叶对生，有柄；叶片卵状披针形，基部截、圆形或微心形，先端钝尖至渐尖，边缘具圆锯齿，两面近无毛，苞叶与叶同型，向上渐小。轮伞花序多轮，每轮6朵花，于茎顶或分枝顶端集成穗状花序，苞片线形；花萼钟形，萼齿5，具刺尖；花冠紫红色，长1～1.2 cm，花冠筒稍超出花萼，上唇较短，直伸，下唇3裂，中裂片较大；雄蕊4，花柱先端2裂。小坚果卵形，棕褐色，无毛。花期5～7月，果期7月以后。

习性：生于水沟、河岸等湿地上。

应用：春夏观花，粉红美丽，可用作园林花境等。全草入药，民间用治百日咳、扁桃体炎、咽喉炎等症。

2.1.58 华鼠尾草*Salvia chinensis*

科属：唇形科鼠尾草属。

形态特征：一年生草本植物。茎直立或基部倾卧，单一或分枝，钝四棱形，具槽，被毛。单叶或下部有3小叶复叶；叶片卵圆形或卵圆状椭圆形，先端钝或锐尖，基部心形或圆形，边缘有圆齿或钝锯齿，复叶时顶生小叶片较大，侧生小叶较小。轮伞花序具6朵小花，多轮，下部的疏离，上部较密集，组成顶生的总状花序或总状圆锥花序；苞片披针形；花萼钟形，紫色，内面喉部密被长硬毛环，萼檐二唇形，上唇近半圆形，下唇略长于上唇；花冠蓝紫或紫色，伸出花萼，冠檐二唇形，上唇长圆形，平展，先端微凹，下唇3裂，中裂片倒心形，向下弯，顶端微凹，边缘具小圆齿，基部收缩，侧裂片半圆形，直立。雄蕊2，花柱先端不相等2裂，前裂片较长。小坚果椭圆状卵圆形，褐色，光滑。花期8～10月。

习性：喜温暖或凉爽的气候，生于山坡或平地的林荫处或草丛中。

应用：花序紫红色，可用作园林地被等。另外，全草入药。

2.1.59 水蔓菁 *Veronica linariifolia*

科属：玄参科婆婆纳属。

形态特征：多年生直立草本植物，全株被白色短柔毛。茎上部有时分杈。叶下部对生，上部互生，叶片线状披针形、倒卵状披针形或卵圆形，先端短尖，基部窄狭成柄，边缘具三角状单锯齿。穗形总状花序着生枝顶；花萼4裂；花冠辐射状，蓝色或蓝紫色，花筒短，裂片4；雄蕊2，突出；子房上位，2室，花柱很长，柱头头状。蒴果扁圆，先端微凹，花柱宿存于果端。花期8～10月。

习性：适应性较强，生于灌木丛及疏林下。

应用：秋季观花，蓝色清丽，可用作园林花境等。全草入药，有清肺、化痰、止咳、解毒的功效。

2.1.60 直立婆婆纳 *Veronica arvensis*

科属：玄参科婆婆纳属。

形态特征：一年生或二年生低矮草本植物，全体具细软毛，高10～30 cm。茎直立，或下部略倾伏，自基部分枝，枝斜上。单叶对生，常3～5对，卵圆形或三角状卵圆形，边缘具钝锯齿，基部圆形，下部叶具极短的柄，上部叶无柄，两面被硬毛。穗形总状花序，长可达20 cm，疏松；苞片互生，倒披针形或披针形；花萼4裂，前方2枚长于后方2枚；花冠4裂，与萼互生，蓝紫色或蓝色；雄蕊2，短于花冠；雌蕊1，子房上位，2室。蒴果，倒扁心形，先端凹口很深，常留有很短花柱，内藏多数细小种子。花期4～5月。

习性：生于高山草甸，喜阳光充足而凉爽的气候。

应用：花如繁星、色蓝清雅，适于园林地被、花境等栽植。全草药用，治疮气、腰痛、白带等。

2.1.61 婆婆纳 *Veronica didyma*

科属：玄参科婆婆纳属。

形态特征：一年生或二年生低矮草本植物，多少被长柔毛，高10～25 cm。枝叶铺散，多分枝。单叶对生，仅2～4对，具短柄，叶片心形至卵形，每边有2～4个深刻的钝齿，两面被白色长柔毛。总状花序很长；苞片叶状，下部的对生或全部互生；花梗比苞片略短；花萼裂片卵形，顶端急尖，果期稍增大，三出脉，疏被短硬毛；花冠淡紫色、蓝色、粉色或白色，直径4～5 mm；雄蕊比花冠短。蒴果近于肾形，密被腺毛，略短于花萼，凹口约为90度角，宿存的花柱与凹口齐或略过之。种子背面具横纹。花期3～10月。

习性：喜光，耐半阴，对水肥条件要求不高，但喜肥沃、湿润、深厚的土壤，忌冬季湿涝。

应用：花小量大，花色清雅，多如繁星，可用作园林地被、花坛种植等，秀丽有野趣。全草可药用，具补肾壮阳、凉血、止血、理气止痛等功效。

2.1.62 弹刀子菜 *Mazus stachydifolius*

科属：玄参科通泉草属。

形态特征：多年生直立草本植物，全体被有细长软毛。茎圆柱形，不分枝或在基部分2～5枝，老时基部木质化。基生叶匙形，常早枯萎；茎生叶对生，上部的常互生，叶片线状长圆形或长圆形，边缘具不规则锯齿。总状花序顶生，花萼钟状，裂片5；花冠唇形，淡紫色，上唇短，2浅裂，白色，下唇较大而长，淡紫色，3裂，中间的裂片较两侧裂片小，喉部具2突起，上有白色软毛及黄色斑点；雄蕊4枚，2强。蒴果扁卵球形；种子多数，细小。花期4～6月，果期7～9月。

习性：分布广泛，喜潮湿环境，常生于潮湿的山坡、田野、路旁、草地及林缘。

应用：花形奇特，蓝紫色秀丽，可用作园林地被等。此外，具有清热解毒、凉血散瘀之功效，主治毒蛇咬伤。

2.1.63 通泉草 *Mazus japonicus*

科属：玄参科通泉草属。

形态特征：一年生低矮草本植物，无毛或疏生短柔毛。茎基部分枝。基生叶少到多数，有时成莲座状或早落，倒卵状匙形至卵状倒披针形，膜质至薄纸质，顶端全缘或有不明显的疏齿。茎生叶对生或互生，少数，与基生叶相似。总状花序着生于茎、枝顶端，常3～20朵，花稀疏；花萼钟状；花冠白色、紫色或蓝色，二唇形，下唇开展，3裂。蒴果球形；种子小而多数，黄色，种皮上有不规则的网纹。花果期4～10月。

习性：喜温暖潮湿环境，适应性强，遍布全国。多生于湿润的草坡、沟边、路旁及林缘。

应用：花小巧可爱，花色丰富，可用作园林地被等。另外，全草可月于止痛、健胃、解毒消肿。

2.1.64 败酱 *Patrinia scabiosaefolia*

科属：败酱科败酱属。

形态特征：多年生直立草本植物。茎黄绿色至黄棕色，有时带淡紫色，常被毛。基生叶簇生，卵圆形，边缘有粗齿，上面暗绿色，背面淡绿色，叶柄长；茎生叶对生，宽卵形至披针形，先端渐尖，基部楔形，1～2对羽状分裂，上部叶渐变窄小，不裂，近无柄。伞房状圆锥聚伞花序顶生，花序分枝及梗上有粗毛；花萼不明显；花冠钟形，黄色、白色，直径4～6 mm；雄蕊4，稍超出或几不超出花冠；子房椭圆状长圆形。瘦果长椭圆形。花果期7～10月。

习性：适应性强，分布很广，常生于山坡林下、林缘和灌丛中以及路边、田埂边的草丛中。

应用：夏秋季观花，黄色美丽，可用作园林花境、地被等。另外，具有清热解毒、排脓破瘀等功效。

2.1.65 羊乳 *Codonopsis lanceolata*

科属：桔梗科党参属。

形态特征：多年生草本植物，有乳汁。茎缠绕，常有多数短细分枝，黄绿而微带紫色。叶在主茎上的互生，披针形或菱状狭卵形，细小；在小枝顶端通常2~4叶簇生，而近于对生或轮生状，叶片菱状卵形、狭卵形或椭圆形，顶端尖或钝，基部渐狭，通常全缘或有疏波状锯齿。花单生或对生于小枝顶端；花萼贴生至子房中部；花冠阔钟状，浅裂，裂片三角状，反卷，黄绿色或乳白色内有紫色斑；花丝钻状，基部微扩大；子房下位。蒴果下部半球状，上部有喙。种子多数，卵形，有翼，细小，棕色。花果期7~8月。

习性：喜凉爽气候，幼苗喜阴，成株期喜光，分布广泛，常生于山地、灌木林下沟边阴湿地区或阔叶林内。

应用：花形可爱，花色秀丽，可用作园林垂直绿化等。此外，以根入药，具有滋补强壮、补虚通乳、排脓解毒、祛痰等功效。

2.1.66 荠苨 *Adenophora trachelioides*

科属：桔梗科沙参属。

形态特征：多年生草本植物，有白色乳汁。茎单生，有时具分枝，无毛，常之字形曲折。基生叶心形或肾形，宽超过长；茎生叶具长叶柄，叶片心形或在茎上部的叶基平截，顶端钝至短渐尖，边缘为单锯齿或重锯齿。圆锥花序，花萼筒部倒三角状圆锥形；花冠钟状，蓝色、蓝紫色或白色，裂片宽三角状半圆形，顶端急尖；花柱与花冠近等长。蒴果卵状圆锥形。种子黄棕色，两端黑色，长矩圆状，稍扁。花期7～9月。

习性：适应性较强，常生于山坡草地或林缘。

应用：夏秋季观花，蓝紫、白色，素雅美丽，可用作园林花境等。此外，有清热化痰、解毒等药用功效。

2.1.67 轮叶沙参 *Adenophora tetraphylla*

科属：桔梗科沙参属。

形态特征：多年生直立草本植物，具白色乳汁。茎高大，单一不分枝，无毛或近无毛。茎生叶4~5片轮生，从倒卵形至狭条形，先端尖，基部楔形，叶缘中上部具锯齿，下部全缘，两面近无毛或被疏短毛，无柄。圆锥花序顶生，花下垂；萼裂片5，丝状钻形，全缘；花冠蓝色，口部微缢缩呈坛状，5浅裂；雄蕊5，常稍伸出；花柱明显伸出，柱头3裂。蒴果倒卵球形，基部孔裂。种子黄棕色，稍扁。花期7~8月，果期9月。

习性：分布范围广，适应性强。

应用：夏秋季观花，蓝、紫色，花形美丽，可用作园林花境等。可入药，具有清热养阴、润肺止咳等功效。

2.1.68 沙参 *Adenophora stricta*

科属：桔梗科沙参属。

形态特征：多年生草本植物，有白色乳汁。茎不分枝，常被毛，少无毛。基生叶心形，大而具长柄；茎生叶近无柄，叶片椭圆形，狭卵形，基部楔形或圆钝形，顶端急尖或短渐尖，边缘有不整齐的锯齿，两面疏生毛或近无毛。假总状花序或狭圆锥花序，花梗常极短；花萼常被毛，少完全无毛的；花冠宽钟状，蓝色或紫色，外面无毛或有硬毛；花盘短筒状无毛；花柱常略长于花冠，较短的少。蒴果常椭圆状球形。种子棕黄色，稍扁，有一条棱。花期8～10月。

本种的鉴别特征是叶无柄，花序假总状或狭圆锥状，花梗短，花萼大多被毛，裂片长钻形而全缘，基部最宽。

习性：喜温暖或凉爽气候，耐寒，成株耐干旱，喜土层深厚肥沃、富含腐殖质、排水良好的砂质壤土。

应用：夏秋观花，花冠钟状可爱，紫、蓝色，非常美丽，可用作园林花境等。此外，具有养阴清热、润肺化痰、益胃生津等药用价值。

2.1.69 桔梗*Platycodon grandiforus*

科属：桔梗科桔梗属。

形态特征：多年生直立草本植物。茎常不分枝，极少上部分枝，无毛，偶密被短毛。叶全部轮生、部分轮生至全部互生，无柄或有短柄；叶片卵形、卵状椭圆形至披针形，基部宽楔形至圆钝，急尖，上面绿色无毛，下面常无毛而有白粉，有时脉上有短毛或瘤突状毛，顶端边缘具细锯齿。花单朵顶生，或数朵集成假总状花序，或由花序分枝集成圆锥花序；花萼钟状五裂片，被白粉，裂片三角形，或狭三角形，有时齿状；花冠大，蓝色、紫色或白色。蒴果球状、球状倒圆锥形或倒卵状。花期7～9月。

习性：喜凉爽气候，耐寒、喜阳光。

应用：夏秋观花，花型独特，花色蓝、紫美丽，可用作园林花坛、花境等。此外，具有药用价值，可宣肺、利咽、祛痰、排脓。

2.1.70 半边莲*Lobelia chinensis*

科属：桔梗科半边莲属。

形态特征：多年生矮小草本植物，有乳汁。茎细弱，匍匐地面，节上生根，分枝直立，无毛。单叶互生，无柄或近无柄，披针形至条形，先端急尖，基部圆形至阔楔形，全缘或有波状浅齿，无毛。两性花常单生于上部叶腋；花梗细，基部有小苞片2枚、1枚或无，小苞片无毛；花萼筒倒长锥状，基部渐细；花冠粉红色或白色，背面裂至基部，喉部以下生白色柔毛，裂片全部平展于下方，呈一个平面，2侧裂片披针形，较长，中间3枚裂片椭圆状披针形，较短；雄蕊5，雌蕊1，子房下位，2室。蒴果倒锥状。种子椭圆状，稍扁平，近肉色。花期5～8月，果期8～10月。

习性：喜潮湿环境和砂质土壤，耐寒，稍耐干旱，常生于田埂、草地、沟边、溪边潮湿处。

应用：花形别致可爱，花粉、白色，秀丽，花期长，可用作园林花坛、花境或湿生绿化等。全草可供药用，含多种生物碱，有清热解毒、利尿消肿之功效。

2.1.71 佩兰*Eupatorium fortunei*

科属：菊科泽兰属。

形态特征：多年生直立草本植物。茎绿色或带红紫色，下部光滑无毛。单叶对生，下部叶常枯萎；中部的叶有短柄，叶片较大，通常3裂，中裂片较大，长椭圆形或长椭圆状披针形；上部叶较小，常不分裂，或全部茎叶不分裂，先端渐尖，边缘有粗齿或不规则细齿，两面光滑或沿脉疏被柔毛。头状花序在枝顶排成复伞房花序；总苞钟状，总苞片2～3层，外层短，卵状披针形，中、内层苞片渐长，全部苞片紫红色或带淡红色；每个头状花序具花4～6朵，花白色或带微红色，全部为管状花，两性，先端5齿裂；雄蕊5，聚药；雌蕊1，子房下位，柱头2裂，伸出花冠外。瘦果圆柱形，熟时黑褐色，无毛。花期7～11月，果期9～12月。

习性：喜温暖湿润的气候，耐寒、怕旱、怕涝，高温高湿季节生长快。对土壤要求不严，喜疏松肥沃、排水良好的砂质壤土。

应用：夏秋季观花，花期长，粉红色、白色，素雅美丽，可用作园林花境、地被等。此外，具有解暑化湿的药用功效。

2.1.72 林泽兰 *Eupatorium lindleyanum*

科属：菊科泽兰属。

形态特征：多年生直立草本植物，茎和叶被毛。茎直立，不分枝或自基部分枝，下部及中部红色或淡紫红色，茎枝被稠密的白色长或短柔毛。茎下部叶花期脱落；茎中部叶长椭圆状披针形或线状披针形，不分裂或三全裂，几无柄，基部楔形，顶端急尖，两面粗糙，被毛及黄色腺点；自中部向上与向下的叶渐小，形状、质地与茎中部叶相同。头状花序多数在枝顶排成紧密的伞房花序或复伞房花序，花序轴及花梗紫红或绿色，被白色密集的短柔毛；总苞钟状，小花5；总苞片覆瓦状排列，约3层，外层苞片短，中层及内层苞片渐长，全部苞片绿色或紫红色，顶端急尖。花白色、粉红或淡紫红色，花冠外面散生黄色腺点。瘦果黑褐色，椭圆状，5棱，散生黄色腺点。花果期5～12月。

习性：喜温暖湿润的气候，耐阴，适应性强，几乎遍布全国各地。常生于山谷阴处水湿地、林下湿地或草原上。

应用：春夏秋观花，花期长，花色淡雅秀丽，可用作园林花境、地被等。此外，枝叶入药，有发表祛湿、和中化湿等功效。

2.1.73 女菀 *Turczaninowia fastigiata*

科属：菊科女菀属。

形态特征：多年生直立草本植物。茎粗壮，下半部光滑，上半部有细柔毛。单叶互生；基部叶线状披针形，基部渐狭成短柄，先端渐尖，边缘粗糙，疏生细锯齿，花后凋落；茎上部叶无柄，线状披针形至线形，上面光滑，绿色，下面有细软毛，边缘粗糙，稍反卷。多数头状花序密集成复伞房状；总苞片3～4层，先端钝；外围有1层雌花，舌状，舌片白色；中央多两性花，花冠筒状，黄色；柱头2裂。瘦果，长圆形，稍扁。花期8～10月。

习性：喜光，耐贫瘠，适应性强，常生于荒地、山坡湿润处。

应用：秋季观花，花色清丽，可用于园林花境等。此外，具有温肺化痰、健脾利湿等功效。

2.1.74 碱菀 *Tripolium vulgare*

科属：菊科碱菀属。

形态特征：一年生或二年生直立草本植物。茎单生或丛生于根颈上，下部常带红色，无毛，上部有开展的分枝。基部叶花期枯萎，下部叶条状或矩圆状披针形，顶端尖，全缘或有具小尖头的疏锯齿；中部叶渐狭，无柄，上部叶渐小，苞叶状；全部叶无毛，肉质。头状花序排成伞房状，有长花序梗；总苞近管状，花后钟状；总苞片2～3层，疏覆瓦状排列，绿色，边缘常红色，干后膜质，无毛，外层披针形或卵圆形，顶端钝，内层狭矩圆形；舌状花1层；管状花长8～9 mm。瘦果扁小，有边肋，两面各有1脉，被疏毛。花果期8～12月。

习性：适于中性、碱性土壤，常生于海岸、湖滨、沼泽及盐碱地，是温带气候区专性盐生植物，强盐碱土和碱土的指示植物。

应用：开花美丽，可用于园林盐碱地及湿生绿化等。

2.1.75 野菊 *Chrysanthemum indicum*

科属：菊科菊属。

形态特征：多年生草本植物。茎基部常匍匐，上部分枝，有棱角，且有细柔毛。单叶互生，卵形或长圆状卵形，羽状深裂，顶裂片大，侧裂片常2对，卵形或长圆形，全部裂片边缘浅裂或有锯齿；上部叶渐小，全部叶表面有腺体及疏柔毛，深绿色，背面毛较多，灰绿色，基部渐狭成有翅的叶柄，假托叶有锯齿。头状花序在枝顶排成伞房状圆锥花序或伞房花序，总苞半球形，总苞片4层，长椭圆形，倒卵状长圆形；舌状花雌性，花冠黄色；管状花两性。瘦果全部同型，倒卵形，稍扁压，无毛，有光泽，黑色，有数条纵细肋。花期6~11月。

习性：适应性强，野生于各地的旷野、山坡。

应用：秋季观花，花量繁多，黄色，虽不华丽，却有朴实之美，有顽强的生命力，可用于园林花境等。野菊性味苦辛寒，具有清热解毒的功效。

2.1.76 泥胡菜 *Hemisteptia lyrata*

科属：菊科泥胡菜属。

形态特征：一年生草本植物。茎单生，少簇生，被稀疏蛛丝毛，上部常分枝。基生叶长椭圆形或倒披针形，花期通常枯萎；中下部茎叶与基生叶同形，全部叶羽状深裂或几全裂，侧裂片2～6对，通常4～6对，倒卵形、长椭圆形、匙形、倒披针形或披针形，向基部的侧裂片渐小，顶裂片大；叶质地薄，上面绿色无毛，下面灰白色被绒毛；基生叶及下部茎叶有长叶柄，柄基扩大抱茎，上部茎叶的叶柄渐短，最上部茎叶无柄。头状花序在枝顶排成疏松伞房花序；总苞宽钟状或半球形，总苞片多层，覆瓦状排列，全部苞片质地薄，草质；小花紫色或红色，花冠裂片线形。瘦果小，楔状或偏斜楔形，深褐色，压扁，有13～16条粗细不等的突起的尖细肋。花果期3～8月。

习性：喜湿、耐微碱，适应性强，几乎遍及全国，常生于路旁、荒草丛中或水沟边。

应用：紫红色头状花序美观可爱，可用于园林地被等。此外，性味苦凉，具有清热解毒、消肿祛瘀的功效。

2.1.77 风毛菊*Saussurea japonica*

科属：菊科风毛菊属。

形态特征：二年生直立草本植物。茎粗壮，具纵棱，疏被细毛和腺毛。基生叶具长柄，叶片长椭圆形，通常羽状深裂，顶生裂片长椭圆状披针形、狭长椭圆形，两面均被细毛和腺毛；茎生叶由下自上渐小，椭圆形或线状披针形，羽状分裂或全缘，基部有时下延成翅状。头状花序密集成伞房状；总苞筒状，外被蛛丝状毛，总苞片外层较短小，顶端圆钝，中层和内层线形，顶端具膜质圆形的附片，背面和顶端通常紫红色；花管状，紫红色，顶端5裂。瘦果长椭圆形。花期7~10月。

习性：适应性强，常生于草原、高山、沟边草甸、荒地、林缘、林口、流动沙丘、沙质地、山谷石地、山坡等处。

应用：夏秋观花，紫色美丽，可用作园林花境等。

2.1.78 麻花头 *Serratula centauroides*

科属：菊科麻花头属。

形态特征：多年生直立草本植物。茎具纵沟棱，不分枝或上部少分枝，基部带紫红色，被皱曲长柔毛，基部有褐色纤维状撕裂的叶柄。基生叶与茎下部叶椭圆形，具长柄，羽状深裂，裂片矩圆形或披针形，先端渐尖或锐尖，边缘具不规则缺刻状疏齿或尖裂片，两面被皱曲短柔毛。中部及上部叶羽状深裂，无柄。头状花序单生枝顶，花梗较长，总苞卵形，上部收缩，总苞片5～10层，有毛，管状花紫红色。瘦果倒圆锥形，淡褐色，冠毛淡黄色。花期6～7月，果期8～9月。

习性：喜干旱、排水良好的生境，如山坡林缘、草原、草甸、路旁或田间等。

应用：夏秋观花，花大美丽，红、紫红、白色，可用于园林花境，还可作牧草。

2.1.79 大丁草 *Gerbera anandria*

科属：菊科大丁草属。

形态特征：多年生草本植物，植株春秋有异。春株叶基生，莲座状，于花期全部发育，叶形多变，常倒披针形或倒卵状长圆形，顶端钝圆，常具短尖头，基部渐狭、钝、截平或有时为浅心形，边缘具齿、深波状或琴状羽裂，裂片疏离，凹缺圆；侧脉4～6对，纤细；头状花序，花葶单生或丛生，直立或弯垂，纤细，棒状，被蛛丝状毛，毛愈向顶端愈密；苞叶疏生，线形或线状钻形，通常被毛。雌花花冠舌状，舌片长圆形，顶端具不整齐的3齿或有时钝圆，带紫红色；两性花花冠管状二唇形。瘦果纺锤形，具纵棱，被白色粗毛。秋株较高，花葶长，叶片大，头状花序外层雌花管状二唇形，无舌片。花期为春、秋二季。

习性：分布广，适应性强，常生于山坡路旁、林边、草地、沟边等阴湿处。

应用：花素雅美丽，可用作园林地被等。此外，具有清热利湿、解毒消肿的功效。

2.1.80 白茅 *Imperata cylindrica*

科属：禾本科白茅属。

形态特征：多年生草本植物，茎直立，高30～80 cm，具1～3节，节无毛。叶鞘聚集于秆基，质地较厚，老后破碎呈纤维状；叶舌膜质，长约2 mm，紧贴其背部或鞘口具柔毛；茎生叶片长1～3 cm，窄线形，通常内卷，顶端渐尖呈刺状。圆锥花序圆柱状，分枝缩短而密集，长20 cm，宽3 cm，小穗披针形或矩圆形；雄蕊2枚，花药长3～4 mm；花柱细长，基部多少连合，柱头2，紫黑色，羽状。颖果椭圆形，长约1 mm，胚长为颖果之半。花果期5～9月。

习性：适应性强，耐荫、耐瘠薄和干旱，喜湿润疏松土壤，断节再生能力强。

应用：花序可爱美丽，煞有野趣，可用作园林地被等。此外，根茎可入药。

2.1.81 金色狗尾草 *Setaria glauca*

科属：禾本科狗尾草属。

形态特征：一年生单生或丛生草本植物。茎秆直立或基部倾斜，近地面节可生根，高20～90 cm，光滑无毛。叶片条状细长，先端长渐尖，基部钝圆，叶片基部多具毛；叶鞘扁且窄，浅红色，光滑无毛；叶舌由1 mm柔毛围成圈状。圆锥花序圆柱状，直立；刚毛金黄色或略带褐色；小穗有1～2朵花，先端稍尖，通常一簇中仅一个发育；一颖长为小穗的1/3左右，二颖长为小穗一半，具5～7脉，第一外稃及内稃与小穗等长。谷粒端尖，成熟的具横皱纹，背部隆起。花果期6～10月。

习性：分布广，适应性较强，喜温暖环境，抗盐性较差，大量生长在湿润的沟边、路旁、田间、丘陵、谷地和河漫滩。

应用：金黄色花序圆柱状，可爱美丽，可用作园林地被等。此外，具有清热明目、止泻等药用功效。

2.1.82 老鸦瓣 *Tulipa edulis*

科属：百合科郁金香属。

形态特征：多年生纤弱草本植物，具鳞茎。鳞茎卵形，横径1.5～2.5 cm，外层鳞茎皮纸质，内面密被长柔毛。茎通常不分枝，无毛。叶2枚，长条形，远比花长，平展斜升或呈反卷状，先端尖，全缘，上面无毛。花葶单一或分叉成2,，从一对叶中生出，有2枚对生或3枚轮生的苞片，苞片条形；花1朵，花被片6，狭椭圆状披针形，白色，背面有紫红色纵条纹；雄蕊6，3长3短；雌蕊1，子房长椭圆形，顶端渐狭成长约4 mm的花柱。蒴果近球形，有长喙，直径约1.2 cm。花期2～3月，果期4～5月。

习性：喜光，喜温暖环境，常生于阳光充足的山坡或杂草丛中。

应用：花形秀丽，花色素雅，非常美丽的早春开花植物，可用作园林地被、花境等。鳞茎可供药用，具抗肿瘤作用，又可提取淀粉。

2.1.83 野百合 *Lilium brownii*

科属：百合科百合属。

形态特征：多年生直立草本植物，具球形或长球形鳞茎。鳞片披针形，无节，新鲜鳞茎外皮淡紫色，干后紫色。叶散生，通常自下向上渐小，披针形、窄披针形至条形，先端渐尖，基部渐狭，具5~7脉，全缘，两面无毛。花单生或几朵排成近伞形；花梗稍弯；苞片披针形；花喇叭形，有香气，乳白色，外面稍带紫色，无斑点，向外张开或先端外弯而不卷；雄蕊向上弯，花药长椭圆形；子房圆柱形，柱头3裂。蒴果矩圆形，有棱，具多数种子。花期5~8月，果期9~10月。

习性：喜温暖、湿润环境，不耐干旱，怕炎热，怕涝，适宜土层深厚、疏松肥沃的砂质土壤。

应用：花朵洁白、芳香，可用作花境，也可种植于假山、林苑、庭院中，用以布置自然式的风景，还可将其矮化作盆花和用于插花等。此外，鳞茎食药两用，有润肺止咳、清热、安神、利尿等作用。

2.1.84 绵枣儿*Scilla scilloides*

科属：百合科绵枣儿属。

形态特征：多年生草本植物，具鳞茎。鳞茎卵球形，下部有短根茎，上面着生多数须根，鳞茎片内面具绵毛。叶狭线形，基生，平滑，正面凹。花茎直立，长30～45 cm，先叶抽出；总状花序，苞片小，线状；花小，淡紫红色；花被6，裂片矩圆形，有深紫色的脉纹1条；雄蕊6，花丝基部扁平，顶尖；子房扁椭圆形，3室，每室有1粒直立的胚珠。蒴果倒卵形，3棱，成熟时成3瓣开裂，长2～3 cm。种子有棱，黑色，光泽。花期8～9月，果期9～10月。

习性：适应性强，常野生于丘陵、山坡或田间，全国大部分地区有分布。

应用：夏秋季观花，花序细长，紫红色美丽，可用作园林地被和花境等。此外，可食用，具活血解毒、消肿止痛等功效。

2.1.85 萱草 *Hemerocallis fulva*

科属：百合科萱草属。

形态特征：多年生草本植物，根状茎粗短，具肉质纤维根。叶基生成丛，条状披针形，背面被白粉。圆锥花序顶生，花葶长于叶，高达1 m以上，有花6～12朵，花梗长约1 cm，有小的披针形苞片；花被基部粗短漏斗状，花被6片，桔红色至桔黄色，两轮，开展，向外反卷，边缘稍作波状；雄蕊6，花丝长，着生于花被喉部；子房上位，花柱细长。花果期为5～7月。

习性：适应性强，喜湿润也耐旱，喜阳光又耐半荫，耐寒，以富含腐殖质、排水良好的湿润土壤为宜。

应用：夏季观花，花色鲜艳，绿叶成丛美观，可用作园林花境、路旁栽植和疏林地被等。它还是被用来监测环境是否受到氟污染的指示植物。此外，具清热利尿、凉血止血等功效。

2.1.86 石蒜 *Lycoris radiata*

科属：石蒜科石蒜属。

形态特征：多年生草本植物。鳞茎近球形，基部生多数白色须根，表面由2～3层黑棕色干枯膜质鳞片包被，内部有10多层白色富黏性的肉质鳞片，中心有黄白色的芽。秋季出叶，叶狭带状，顶端钝，深绿色，中间有粉绿色带，夏季枯萎。花茎在夏秋间叶枯死后抽出，实心，高约30 cm，总苞片2枚，披针形；伞形花序顶生，有花4～7朵，花鲜红色；花被裂片狭倒披针形，强度皱缩和反卷，花被筒绿色；雄蕊显著伸出于花被外，比花被长1倍左右；子房下位，花后不结实。花期8～9月，果期10月。

习性：适应性强，耐寒，喜阴，喜湿润，也耐干旱，喜偏酸性土壤，以疏松、肥沃的腐殖质土壤最好，有夏季休眠的习性。

应用：叶丛翠绿，花色鲜艳，冬赏其叶，秋赏其花，是优良宿根草本花卉，园林中可作花坛、花境、林下地被花卉，也可丛植或在山石间自然式栽植，还可作切花等。此外，有祛痰、催吐、消肿止痛、利尿等功效，但有大毒，宜慎用。

2.1.87 乳白石蒜*Lycoris albiflora*

科属：石蒜科石蒜属。

形态特征：多年生草本植物，鳞茎卵球形。春季出叶，叶带状，绿色，顶端钝圆，中间淡色带不明显。花茎高约60 cm，总苞片2枚，倒披针形；伞形花序有花6～8朵；花蕾桃红色，开放时奶黄色，渐变为乳白色；花被裂片倒披针形，腹面散生少数粉红色条纹，背面具红色中肋，中度反卷和皱缩；雄蕊与花被近等长或略伸出，花丝上端淡红色；雌蕊略比花被长，柱头玫瑰红色。花期8～9月。

习性：喜半阴、潮湿的环境，但也能稍耐阳光直射和干旱环境，稍耐寒，生命力颇强，对土壤无严格要求。

应用：夏秋观花，乳黄、乳白，清丽素雅，可用作园林花境、地被等，但5～6月份会出现叶枯后开花前的林地裸露，故应和常绿植物配置。

2.1.88 中国石蒜 *Lycoris chinensis*

科属：石蒜科石蒜属。

形态特征：多年生草本植物，鳞茎卵球形。春季出叶，叶带状，较宽大，顶端圆，绿色，中间淡色带明显，夏季枯萎。花茎高约60 cm；总苞片2枚，倒披针形；伞形花序有花5～6朵，花黄色；花被裂片背面具淡黄色中肋，倒披针形，强度反卷和皱缩；雄蕊与花被近等长或略伸出花被外，花丝黄色；花柱上端玫瑰红色。蒴果，每室有种子数枚。花期7～8月，果期9月。

习性：喜阴湿，多生于山坡阴湿处。

应用：夏季观花，黄色美丽，可用作园林花境等。

2.1.89 安徽石蒜 *Lycoris anhuiensis*

科属：石蒜科石蒜属。

形态特征：多年生草本植物，鳞茎卵形或卵状椭圆形。早春出叶，叶带状，向顶端渐狭，钝头，中间淡色带明显，夏季枯萎。花茎高约60 cm；总苞片2枚，披针形至狭卵形；伞形花序有花4~6朵，花黄色，花被裂片倒卵状披针形，较反卷而开展，基部微皱缩；雄蕊与花被近等长；雌蕊略伸出于花被外。花期8月。

习性：喜阴湿，多生于山坡疏林下的石缝中。

应用：夏季观花，黄色美丽，可用作园林花境等。

2.1.90 换锦花*Lycoris sprengeri*

科属：石蒜科石蒜属。

形态特征：多年生草本植物，鳞茎广椭圆形或近球形。先花后叶，早春抽叶，叶片宽线形，绿色，顶端钝，夏季枯萎。花茎高30～45 cm；花序有5～8朵花；花长4.5～8 cm；花被裂片淡红紫色，顶端有时带蓝色，长圆状倒披针形；雄蕊与花被片近等长；蒴果有3棱，种子黑色，近球形。花果期8～9月。

习性：性耐寒，喜阳光、阴湿环境，也能耐半阴和干旱环境，生命力颇强，对土壤无严格要求，以排水良好、肥沃的砂壤土生长最好。

应用：冬季叶色翠绿，夏、秋季红花怒放，淡紫红色，是布置花境、假山、岩石园和做林下地被的好材料。此外，种球可供入药，有祛痰、利尿、解毒、催吐之功效。

2.1.91 长筒石蒜 *Lycoris longituba*

科属：石蒜科石蒜属。

形态特征：多年生草本植物，鳞茎卵球形。早春出叶，叶披针形，一般宽1.5 cm，顶端渐狭、圆头，绿色，中间淡色带明显。花茎高60～80 cm；总苞片2枚，披针形，长约5 cm，顶端渐狭，基部最宽达1.5 cm；伞形花序有花5～7朵；花白色，直径约5 cm；花被裂片腹面稍有淡红色条纹，长椭圆形，长6～8 cm，宽约1.5 cm，顶端稍反卷，边缘不皱缩，花被筒长4～6 cm；雄蕊略短于花被；花柱伸出花被外。有蒴果，结籽少。花期7～8月。

习性：常生于山坡疏林下的石缝中。

应用：夏季观花，白色清雅，可用作园林花境等。

2.1.92 野鸢尾 *Iris dichotoma*

科属：鸢尾科鸢尾属。

形态特征：多年生草本植物，有不规则的块状根状茎，棕褐色或黑褐色。叶基生或在花茎基部互生，两面灰绿色，剑形，顶端多弯曲呈镰刀形，渐尖或短渐尖，基部鞘状抱茎，无明显的中脉。花茎实心，高40～60 cm，上部二歧分枝，分枝处生有披针形的茎生叶，下部有1～2枚抱茎的茎生叶，花序生于分枝顶端；苞片4～5枚，膜质，绿色，披针形，内包含3～4朵花；花蓝紫色或浅蓝色，有棕褐色的斑纹；花被管甚短，外花被裂片宽倒披针形，上部向外反折，内花被裂片狭倒卵形，顶端微凹；雄蕊花药与花丝等长；花柱分枝扁平，花瓣状，顶端裂片狭三角形，子房绿色。蒴果圆柱形或略弯曲，革质；种子暗褐色，椭圆形，有小翅。花期7～8月，果期8～9月。

习性：喜温凉气候，喜光，也较耐阴、耐寒、耐旱，生于砂质草地、山坡石隙等向阳干燥处，在半阴环境下也可正常生长。

应用：叶丛翠绿，花大美丽，可用于花坛、花境、地被栽植。

2.1.93 华夏鸢尾*Iris cathayensis*

科属：鸢尾科鸢尾属。

形态特征：多年生草本植物，植丛密集。根状茎块状，植株基部围有棕红色片状折断的老叶叶鞘。叶基生，质地柔软，灰绿色，条形，顶端长渐尖，下垂，基部鞘状，无明显的中脉。花茎不伸出地面；苞片3~4枚，草质，绿色，边缘膜质，略带白色，披针形，顶端渐尖，中脉明显，其中包含2朵花；花蓝紫色，花梗丝状，花被管细长，顶端略膨大，外花被裂片狭倒披针形；花药蓝色，比花丝长；花柱分枝片状，条形，顶端裂片长条形；子房纺锤形。花期4月。

习性：喜光，生于林缘、山坡草地开阔处。

应用：叶丛翠绿，花大美丽，可用于园林花坛、花境、地被栽植等。

2.1.94 射干 *Belamcanda chinensis*

科属：鸢尾科射干属。

形态特征：多年生直立草本植物。根状茎不规则块状，茎实心。叶互生，嵌迭状排列，剑形，基部鞘状抱茎，顶端渐尖，无中脉。花序顶生，叉状分枝，每分枝的顶端聚生数朵花；花梗细，长约1.5 cm；膜质苞片，披针形或卵圆形；花橙红色，散生紫褐色的斑点，直径4～5 cm；花被裂片6，2轮排列，外轮花被裂片倒卵形或长椭圆形，顶端钝圆或微凹，内轮较外轮花被裂片略短而狭；雄蕊3，着生于外花被裂片的基部；花柱上部稍扁，顶端3裂；子房下位，倒卵形，3室，中轴胎座，胚珠多数。蒴果，种子圆球形，黑紫色，有光泽。花期6～8月，果期7～9月。

习性：喜温暖和阳光，耐干旱和寒冷，对土壤要求不严，以肥沃疏松、地势较高、排水良好的砂质壤土为宜，忌低洼地和盐碱地。

应用：夏秋季观花，橙黄具红斑点，花形飘逸，美丽有趣，适于用作园林花境、花坛等。

2.1.95 绶草*Spiranthes sinensis*

科属：兰科绶草属。

形态特征：多年生低矮、细弱草本植物。茎较短，近基部生2～5枚叶。叶片宽线形或宽线状披针形，极罕为狭长圆形，直立伸展，先端急尖或渐尖，基部收狭具柄状抱茎的鞘。花茎直立，总状花序具多数密生的花，长4～10 cm，呈螺旋状扭转；花苞片卵状披针形，先端长渐尖；子房纺锤形，扭转，被毛；花小，紫红色、粉红色或白色，在花序轴上呈螺旋状排生；萼片的下部靠合，中萼片狭长圆形，先端稍尖，与花瓣靠合呈兜状；侧萼片偏斜，披针形，先端稍尖；花瓣与中萼片等长；唇瓣宽长圆形，先端极钝，前半部边缘具强烈皱波状啮齿，唇瓣基部凹陷呈浅囊状。蒴果椭圆形。花期6～8月，果期7～9月。

习性：性喜阴，忌阳光直射，喜湿润，忌干燥。

应用：螺旋状旋转花序若盘龙，可用作园林地被等。此外，具滋阴益气、凉血解毒等功效。

2.2 琅琊山野生草本观叶植物资源

观叶植物是指叶色、叶形、叶的着生方式等美丽可观赏的植物，从琅琊山野生植物资源中筛选出具有观赏价值的草本观叶植物有以下19种。

2.2.1 何首乌 *Polygonum multiflorum*

科属：蓼科蓼属。

形态特征：多年生缠绕草本植物。块根肥厚，长椭圆形。茎多分枝，具纵棱，微粗糙，无毛。叶卵形或长卵形，顶端渐尖，基部心形或近心形，两面粗糙，边缘全缘；叶柄长1.5～3 cm；托叶鞘膜质，偏斜，无毛。花序圆锥状，顶生或腋生，长10～20 cm，分枝开展，具细纵棱，沿棱密被小突起；苞片三角状卵形，具小突起，顶端尖，每苞内具2～4朵花；花梗细弱，下部具关节，果时延长；花被5深裂，白色或淡绿色，椭圆形，大小不相等；雄蕊8，花丝下部较宽；花柱3，极短，柱头头状。瘦果卵形，具3棱，黑褐色，有光泽。花期8～9月，果期9～10月。

习性：喜阳，耐半阴，喜湿，畏涝，要求排水良好的土壤，常生长在山谷灌木丛、山坡林下、沟边石隙。

应用：叶色翠绿、叶形可爱，可用作园林地被、垂直绿化等。此外，具有养血滋阴、润肠通便、祛风、解毒等功效，何首乌可补益精血、乌须发、强筋骨、补肝肾，是常见的中药材。

2.2.2 地肤 *Kochia scoparia*

科属：藜科地肤属。

形态特征：一年生直立草本植物。根略呈纺锤形。茎圆柱状，分枝稀疏，淡绿色或带紫红色，有数条棱，稍有短柔毛或下部几无毛。单叶互生，披针形或条状披针形，无毛或稍有毛，先端短渐尖，基部渐狭入短柄，常有3条明显的主脉；茎上部叶较小，无柄，1脉。花两性或雌性，常1～3朵生于上部叶腋，构成疏穗状圆锥状花序，花下有时有锈色长柔毛；花被近球形，淡绿色，花被裂片近三角形，无毛或先端稍有毛；花丝丝状，花药淡黄色；柱头2，丝状，紫褐色，花柱极短。胞果扁球形，果皮膜质，与种子离生。种子卵形，黑褐色，稍有光泽。花期6～9月，果期7～10月。

习性：适应性较强，喜温、喜光，耐干旱，不耐寒，对土壤要求不严格，较耐碱性土壤。

应用：株型小巧、叶细软嫩绿，常用于布置花篱、花境，或丛植于花坛中央，可修剪成各种几何造型进行布置，也可做盆栽。另外，其嫩茎叶可供食用，春老叶可做饲料。

2.2.3 蝙蝠葛 *Menispermum dahuricmn*

科属：防己科蝙蝠葛属。

形态特征：多年生落叶草质藤本植物。茎缠绕性，圆柱形，绿色，有明显纵沟。单叶互生，纸质或近膜质，心状扁圆形，全缘或3～7浅裂，掌状脉9～12条，叶柄盾状着生。花单性，雌雄异株，短圆锥花序腋生，花小，淡绿色；雄蕊常12，雌花心皮3，花柱短，柱头2裂。果实核果状，近球形，紫黑色。花期5～6月，果期7～9月。

习性：耐寒，多生于山地林缘、灌木丛沟谷，或缠绕岩石上。

应用：叶色翠绿，叶形可爱美观，可用作园林垂直绿化、地被等。

2.2.4 瓦松 *Orostachys fimbriata*

科属：景天科瓦松属。

形态特征：多年生肉质草本植物，高10～40 cm。茎直立，略斜伸。基部叶紧密排列呈莲座状，线形至倒披针形，长2～3 cm，绿色，或具白粉，边缘流苏状的软骨片和针状尖刺；茎上叶线形至倒卵形，长尖。圆锥花序顶生，花梗有分枝，密被线形苞叶，幼株花序排列疏散；花萼、花瓣常为5，偶为4；萼片卵圆形或长圆形，基部稍有合生；花瓣膜质，淡红色，长椭圆形或长卵状披针形；雄蕊10，与花瓣近等长；雌蕊为离生5心皮。蓇葖果。花期7～9月，果期8～10月。

习性：耐旱，耐寒，广泛分布于深山向阳坡面，也常生于屋顶、墙头或岩石上。

应用：株型小巧，茎叶肉质可爱，可用作园林岩生绿化，也可点缀室内，非常别致。此外，其鳞片茎叶可药用，具有凉血止血、解毒、敛疮等功效。

2.2.5 虎耳草 *Saxifraga stolonifera*

科属：虎耳草科虎耳草属。

形态特征：多年生常绿匍匐小草本植物，高8～45 cm。匍匐茎细长，紫红色，密被长腺毛，具1～4枚苞片状叶。叶基生，叶柄长3～10 cm；叶片圆形、肾形或扁圆形，基部心形或平截，边缘浅裂或不明显，具细锯齿，肉质，叶上面绿色，常有白色斑纹，背面紫红色，两面被柔毛。圆锥状聚伞花序，直立或稍倾斜，具分枝，被腺毛；苞片披针形，被柔毛；萼片在花期开展至反曲，卵形，先端尖；花两侧对称，花瓣5，白色或粉红色，其中上方3枚较短，卵形，基部有黄色斑点，下方2瓣特长；雄蕊10，花丝棒状；雌蕊子房球形，2心皮下部合生，花柱2分叉。蒴果卵圆形，先端2裂，喙状。花期5～8月，果期7～11月。

习性：喜温暖湿润的气候，喜半阴环境，适应性强。

应用：叶形可爱，叶色斑驳，可用于园林地被、岩生绿化等。此外，具祛风、清热、凉血解毒等功效。

2.2.6 斑地锦 *Euphorbia maculata*

科属：大戟科大戟属。

形态特征：一年生匍匐小草本植物，高10～30 cm。茎细柔，分枝较密，带淡紫色，被白色疏柔毛，具白色乳汁。单叶对生，成2列，叶片长椭圆形至肾状长圆形，基部偏斜，边缘中部以下全缘，以上疏生细齿；叶上面暗绿色，中央具长圆形暗紫色斑纹，下面被白色短柔毛；叶柄短，托叶线形。聚伞花序生于叶腋，总苞钟状，4裂；腺体4，黄绿色，横椭圆形；总苞内有雄花数朵，雌花1朵，花柱短，柱头2裂。蒴果三角状卵球形，被白色短柔毛，宿存花柱。种子卵状四棱形，灰色，光滑。花期5～6月，果期8～9月。

习性：喜温暖湿润的气候，常生于荒地、山野或低山坡的路旁湿地。

应用：植株低矮，枝叶纤美，叶色斑驳，可用作园林地被等。此外，具止血、清热、通乳等功效。

2.2.7 菱 *Trapa bispinosa*

科属：菱科菱属。

形态特征：一年生浮水草本植物。茎柔弱，具分枝。叶二型，浮水叶互生，聚生于茎的顶端，在水面排列成莲座状；叶片菱圆形，基部近圆形，表面深绿色，光滑无毛，背面灰褐或绿色，叶脉在背面稍突起，密被短毛；叶缘中上部有不规则锯齿或圆齿，边缘中下部全缘；叶柄中上部膨大不明显，被短毛；沉水叶小，早落。两性花，单生于叶腋，花萼4裂，花瓣4枚，白色；雄蕊4，雌蕊子房半下位，2心皮，倒生胚珠。坚果，三角状菱形，有四角、三角、两角和没有角等类型。花期5~10月，果期7~11月。

习性：喜温暖湿润、阳光充足的环境，不耐霜冻。

应用：株型、叶形秀丽，可用作园林水体绿化。果实可供食用，有清暑解热、益气健胃、止消渴、解酒毒、利尿通乳、抗癌等功效。

2.2.8 聚草*Myriophyllum spicatum*

科属：小二仙草科聚草属。

形态特征：多年生水生草本植物。根状茎生于泥中，其上着生须根。茎长圆柱形，细长，可达1～2m，常沉水。叶狭小无柄，常4～6枚轮生，翠绿。穗状花序顶生或腋生，长5～10 cm，常在水上；苞片长圆形或卵形，全缘；小苞片近圆形，边缘具细锯齿；花两性或单性，雌雄同株；若单性花，则同一花序中雄花在上部，雌花在下部；萼片小，4深裂，花瓣小，4枚，卵圆形，先端钝圆；雄蕊8，花药黄色；雌花不具花瓣，子房下位，4室。果实卵圆形，有4条纵裂隙。花果期4～8月。

习性：喜湿耐寒，主要分布于我国北方，可在全国各个地区栽培。

应用：叶纤细密集，翠绿可爱，可用于园林水体绿化，作沉水景观供观赏。

2.2.9 天胡荽 *Herba Hydrocotyles*

科属：伞形科天胡荽属。

形态特征：多年生匍匐草本植物，有气味。茎细长而平铺地上，节处具根。单叶小，膜质或草质，半圆形或肾状圆形，基部心形，不分裂或5~7裂，边缘有钝齿；叶上面浅绿光滑，下面叶脉疏被毛，有时两面光滑或密被柔毛；叶柄长0.7~9 cm。伞形花序与叶对生，有花5~18朵，花序梗短于叶柄1~3.5倍；小花无柄或有极短的柄，花瓣卵形，绿白色，有腺点；花丝与花瓣同长或稍超出。果实近心形，略扁平，果实成熟时中棱极为隆起，幼时表面草黄色，成熟时有紫色斑点。花果期4~9月。

习性：性喜温暖潮湿，喜半日照或荫蔽环境，耐阴、耐湿，稍耐旱，忌阳光直射，适应性强，生性强健，种植容易，繁殖迅速，水陆两栖皆可。

应用：枝叶翠绿，纤小美丽，可用于园林湿生绿化、地被或水体绿化等。全草入药，具有清热、利尿、消肿、解毒等功效。

2.2.10 薄荷 *Mentha haplocalyx*

科属：唇形科薄荷属。

形态特征：多年生直立草本植物，高 30～60 cm。茎四棱状，具沟槽，多分枝，下部数节呈水平匍匐状。单叶对生，叶片长圆状披针形、椭圆形或卵状披针形，边缘疏生粗大锯齿；叶脉在叶面稍下陷，叶背略突起，沿脉常有毛，叶色翠绿。轮伞花序腋生，花梗纤细，花萼管状钟形，萼齿 5，先端长锐尖；花冠淡紫色，外部及内侧喉部以下略被柔毛，冠檐 4 裂；雄蕊 4，伸出于花冠之外，雌蕊子房 2 室。小坚果卵圆形，黄褐色。花期 7～9 月，果期 10 月。

习性：喜阳光，喜潮湿，耐寒，对环境适应能力较强，日照长可促进开花，对土壤要求不严。

应用：全株青绿芳香，可用作室内盆栽、园林地被等。其茎叶清爽可口，可做餐桌上的鲜菜，是具有特种经济价值的芳香作物。此外，性辛凉，具有发汗解热的功效。

2.2.11 绞股蓝*Fiveleaf gynostemma*

科属：葫芦科绞股蓝属。

形态特征：草质攀援植物。茎细弱具棱，有分枝。掌状复叶鸟足状，具3～9片小叶，常见5～7片小叶，叶片膜质或纸质；小叶卵状长圆形或披针形，中央小叶大，侧生小叶较小，边缘具波状齿或圆齿状牙齿，叶面深绿色，叶背浅绿，叶脉在叶上面平坦，背面凸起；具二歧状纤细卷须。雌雄异株；雄花序为圆锥花序，多分枝，花梗丝状，花萼筒短，5裂，花冠白或浅绿色，5深裂，裂片先端长渐尖，雄蕊5；雌圆锥花序，远较雄花序短小，花萼及花冠和雄花相似，子房球形，2～3室，花柱3枚，柱头2裂。浆果球形，肉质不裂，成熟后光滑无毛，黑色，内含种子2粒。种子卵状心形，褐色，基部心形顶端钝。花期3～11月，果期4～12月。

习性：喜通风透光的荫蔽环境，对土壤要求不高，常生长在山地林下、水沟旁、山谷阴湿处。

应用：叶形秀丽，叶色翠绿，可用于园林垂直绿化、园林地被等。此外，本种入药，有消炎解毒、止咳祛痰的功效。还可将其制成茶，能降血脂，调血压，防治血栓，防治心血管疾患，缓衰老，防抗癌，提高免疫力，调节人体生理机能等。

2.2.12 兔儿伞 *Syneilesis aconitifolia*

科属：菊科兔儿伞属。

形态特征：多年生高大直立草本植物，高70～120 cm。茎单一，无毛。根生叶1枚，幼时伞形，下垂。茎生叶互生，叶柄长2～16 cm，叶片圆盾形，掌状分裂达中心，裂片复作羽状分裂，边缘有不规则锯齿，无毛；下部叶常较上部叶大。头状花序密集成复伞房状，顶生；花两性，8～11朵，花冠管状，先端5裂，雄蕊5，着生花冠管上；子房下位，1室。瘦果，圆柱形，有纵条纹。花期7～9月，果期9～10月。

习性：喜温暖、湿润及阳光充足的环境，耐半阴、耐寒、耐瘠，不择土壤，以疏松、肥沃的土壤为佳。

应用：叶裂细碎，叶形美丽，可用作园林地被等。此外，具有祛风除湿、解毒活血、消肿止痛等功效。

2.2.13 荩草 *Arthraxon hispidus*

科属：禾本科荩草属。

形态特征：一年生草本植物，高 30 ~ 45 cm。茎细弱，基部倾斜。叶鞘短于节间，有短硬疣毛；叶舌膜质，边缘具纤毛；叶片卵状披针形。总状花序细弱，2 ~ 10 个成指状排列或簇生于秆顶，雄蕊 2 枚。颖果长圆形，与稃体几乎等长。花果期 8 ~ 11 月。

习性：适应性强，分布在全国各地，常生长于山坡、草地和阴湿处。

应用：植株低矮，叶色翠绿，适合用作园林地被等。此外，具有止咳定喘、解毒杀虫之功效。

2.2.14 双穗飘拂草 *Fimbristylis subbispicata*

科属：莎草科飘拂草属。

形态特征：多年生沼生、浅水生或湿生草本植物，高7～60 cm。秆扁三棱形，细弱，丛生，具多条纵槽，基部具少数叶。叶短于秆，稍坚挺，平张，上端边缘具小刺，有时内卷。顶生小穗常1个，罕有2个，小穗卵形、长圆状卵形或圆柱状，具多数花；鳞片螺旋状排列，膜质，卵形或近于椭圆形，顶端钝，具锈色短条纹；雄蕊3，花药线形；花柱长而扁平，柱头2。小坚果圆倒卵形，褐色，基部具柄，表面具六角形网纹，稍有光泽。花期6～8月，果期9～10月。

习性：喜湿润，常生长于山坡、山谷空地、沼泽地、溪边、沟旁近水处，也见于海边、盐沼地。

应用：株型、叶形秀丽，可用于园林湿生绿化。

2.2.15 青绿苔草 *Carex breviculmis*

科属：莎草科苔草属。

形态特征：多年生直立草本植物，高8～40 cm。秆丛生，三棱形，基部有淡褐色裂成纤维状的叶鞘。叶短于秆，平张，质硬，边缘粗糙。最下部的苞片叶状，长于花序，具短鞘，其余的苞片刚毛状。小穗2～5个，顶生小穗雄性，长圆形；侧生小穗雌性，长圆形或圆柱形，具稍密生的花；雄花鳞片倒卵状长圆形，顶端渐尖，具短尖，膜质，黄白色，背面中间绿色；雌花鳞片长圆形或倒卵状长圆形，先端截或圆形，膜质，苍白色，背面中间绿色，具3条脉，向顶端延伸成长芒。果囊近等长于鳞片，倒卵形至钝三棱形，膜质，淡绿色，具多条脉，顶端急缩成圆锥状的短喙，喙口微凹。小坚果卵形，栗色。花果期3～6月。

习性：喜湿润环境，耐水渍，耐荫蔽，耐高温，也耐干旱。喜生于山坡草地、灌木丛林下和路边杂草丛中，广泛分布于暖温带北界以南，黄土高原和青藏高原东界以东的湿润、半湿润地区。

应用：株型、叶形秀丽，具有四季常青，耐修剪、耐践踏，种源丰富，栽种简便的特点，可用于园林湿生绿化，也可作为常绿草坪和花坛植物等。

2.2.16 大薸 *Pistia stratiotes*

科属：天南星科大薸属。

形态特征：多年生浮水草本植物，羽状根须密集，垂悬于水中。主茎短缩，叶簇生茎上，呈莲座状，叶腋处分出匍匐茎，顶端发出新植株。发育阶段不同的叶子形状不同，呈倒三角形、倒卵形、扇形或倒卵状楔形，先端钝圆，基部厚，两面被毛。肉穗花序腋生，总花梗短，佛焰苞白色，背面被绒毛；雄花2～8朵生于上部，雌花单生于下部。浆果，含种子10～15粒，椭圆形，黄褐色。花期6～7月。

习性：喜高温湿润气候，不耐严寒，喜氮肥，繁殖力很强。

应用：观叶，在园林水景中，常用来点缀水面。其发达的根系从污水中吸收有害物质和过剩的营养物质，可净化水体。此外，全株可作猪饲料。但是，由于繁殖速度很快，成为农业环保的头号天敌。

2.2.17 紫萍 *Spirodela polyrhiza*

科属：浮萍科紫萍属。

形态特征：浮水小草本植物，漂浮水面。叶状体扁平，宽倒卵形，长5～8 mm，宽4～6 mm，先端钝圆，叶表面绿色，叶背面紫色，掌状脉5～11条，叶背中央生5～11条白绿色根。根基附近的一侧囊内可形成新芽，萌发后从囊内浮出幼小叶状体，由一细弱的柄与母体相连。花单性，雌花1与雄花2共同着生在佛焰苞内；雌花子房1室，直立胚珠2。果实圆形，有翅缘。花期6～7月。

习性：生于池沼、稻田、水塘及静水的河面，产于南北各地。

应用：叶片可用于园林水体绿化。全草入药，具有发汗、宣散风热、利尿等功效。也可作猪、鸭、草鱼等的饲料。

2.2.18 浮萍 *Lemna minor*

科属：浮萍科浮萍属。

形态特征：漂浮小草本植物。叶状体对称，全缘，近圆形，叶表绿色，叶背浅黄、绿白或为紫色，具3根不明显叶脉，叶背具1条白色丝状根；叶状体背面具囊，新叶状体从囊内形成并浮出，以细短柄与母体相连，之后脱落。雌花具胚珠1枚。果实圆形，近陀螺状，种子具纵肋。一般不常开花，以芽进行繁殖。

习性：喜温暖的气候和潮湿的环境，忌严寒。

应用：叶片可用于园林水体绿化等。全草可作家畜和家禽的饲料。此外，以带根全草入药，性寒，味辛，能发汗透疹、清热利湿。

2.2.19 直立百部 *Stemona sessilifolia*

科属：百部科百部属。

形态特征：多年生直立草本植物，高30～60 cm。肉质块根纺锤状。茎不分枝，具细纵棱。单叶薄革质，卵状椭圆形或卵状披针形，全缘，顶端尖，基部楔形，常3～4枚轮生，罕为2或5枚，长3.5～6 cm，宽1.5～4 cm，具短柄或近无柄。花单生茎下部鳞片状叶腋内，花柄向外平展，花向上斜升或直立，花被片4，淡绿色；雄蕊4，紫红色；子房三角状卵形。蒴果卵形，2裂，含椭圆形种子数粒。花期3～5月，果期6～7月。

习性：喜温暖湿润气候，忌积水，常生长于山谷沟底或灌木林下，一般土壤可种植。

应用：叶形秀丽，宜用于园林绿化，作观赏地被植物，或在花境中配植。此外，块根可供药用，具镇咳、祛痰、润肺等功效。

2.3 琅琊山野生草本观果植物资源

观果植物是指果实显著、果色美丽、果形奇特、挂果量大或挂果期长的植物，从琅琊山野生植物资源中筛选出具有观赏价值的草本观果植物有以下5种。

2.3.1 鹿藿 *Rhynchosia volubilis*

科属：豆科鹿藿属。

形态特征：多年生缠绕草质藤本植物，各部被淡黄色柔毛。茎蔓性，略具棱。三出复叶互生，顶生小叶近于圆形，先端尖，侧生小叶斜阔卵形至斜阔椭圆形，先端急尖，基部圆形；叶片纸质，托叶线状披针形，不脱落。总状花序腋生，花十余朵；花萼钟状，5裂，蝶形花冠黄色，雄蕊10，二体，子房上位，胚珠2。长圆形荚果短，成熟时紫红色，扁平，含种子1～2粒，黑色，光亮。花期5～9月，果期7～10月。

习性：适应性强，常生于低海拔的山坡、路旁草丛中等。

应用：豆荚鲜红，种子黑色光亮，美丽可爱，可用于园林垂直绿化。此外，具有祛风除湿、活血解毒、消积散结、消肿止痛、舒筋活络等功效。

2.3.2 白英 *Solanum lyratum*

科属：茄科茄属。

形态特征：多年生草质藤本植物。茎、叶密被长柔毛。单叶互生，多为琴形，全缘，长3.5～5.5 cm，宽2.5～4.8 cm，基部常3～5深裂，顶端渐尖，中裂片较大，侧裂片愈近基部的愈小，两面均被白色发亮的长柔毛；叶柄长1～3 cm，被长柔毛。聚伞花序顶生或腋生，花稀疏，总花梗长，被长柔毛，花梗无毛，顶端稍膨大，花萼环形，无毛，圆形萼齿5枚；花冠蓝紫或白色，直径约1.1 cm，花冠筒隐于花萼内，冠檐5深裂，裂片椭圆状披针形；子房卵形，花柱丝状，柱头小，头状。浆果球状，成熟时红色，种子扁平，近盘状。花期7～8月，果期9～10月。

习性：喜温暖湿润的气候，耐阴湿、耐旱、耐寒，对土壤要求不严，但以土层深厚、疏松肥沃、富含有机质的砂壤土为好。喜生于山谷草地或路旁、田边。

应用：花秀丽淡雅，秋果红色晶莹，可用于园林垂直绿化或园林地被等。全草药用，具有清热利湿、解毒消肿等功效。

2.3.3 挂金灯 *Physalis alkekengi var. franchetii*

科属：茄科酸浆属。

形态特征：多年生草本植物，高 30 ~ 60 cm。茎匍匐状。单叶互生，叶片卵形，边缘呈波状，或有稀疏的缺刻。花单生叶腋，下垂状，花冠白色，花萼钟形，宿存。浆果球形，成熟时橙红色，宿存萼与果实同为橙红色，略呈灯笼状。

习性：野生性极强，耐寒，抗病，喜黑壤土。

应用：浆果球形，宿萼灯笼状，橙红可爱，可用作园林地被等。集实味甘、微酸，性寒，具有清肺利咽、化痰利水的功效，是我国药食两用的保健型野生水果。

2.3.4 商陆*Phytolacca acinosa*

科属：商陆科商陆属。

形态特征：多年生直立草本植物，高0.5～1.5m，全株无毛。茎肉质，圆柱形，多分枝，有纵沟，绿色或紫红色。叶片薄纸质，椭圆形或披针状椭圆形，顶端尖，基部楔形，两面散生细小白色斑点，中脉在叶背凸起；叶柄半圆形，上有沟槽。总状花序顶生或与叶对生，圆柱状，大量小花密生；花两性，花被片5，白色或黄绿色，椭圆形或卵形，顶端圆钝，花后常反折；雄蕊8～10，与花被片近等长，花丝白色，钻形；雌蕊心皮5～10个，常为8，分离。果序直立，浆果扁球形，熟时黑色，种子肾形，黑色，具3棱。

习性：喜温暖湿润的气候，耐寒不耐涝，生命力强，对土壤适应性广，平原、丘陵及山地均有分布，常野生于山脚、林间、路旁及房前屋后等。

应用：果序红色，浆果量大可爱，可用作园林花境等。因具有很好的水土保持作用，特别适用于新开垦的红壤梯田。

2.3.5 蛇莓 *Duchesnea indica*

科属：蔷薇科蛇莓属。

形态特征：多年生常绿匍匐小草本植物。匍匐茎多数，长30～100 cm，有柔毛。三出复叶，小叶倒卵形至菱状长圆形，先端圆钝，缘有钝锯齿；叶柄长1～5 cm，有柔毛，托叶窄卵形至宽披针形。花单生叶腋，直径1.5～2.5 cm，萼片卵形，先端锐尖，副萼片倒卵形，比萼片长，先端常具3～5锯齿；花瓣5，黄色，倒卵形，先端圆钝；雄蕊20～30，离生心皮多数；花托在果期膨大，鲜红色。聚合果球形，其上的小瘦果呈卵形，长约1.5 mm。花期5～8月，果期6～10月。

习性：喜阴凉、温暖湿润的环境，耐寒、不耐旱、不耐水渍。对土壤要求不严，多生于山坡、河岸、草地、潮湿的地方。

应用：植株低矮，枝叶茂密，春季返青早、耐阴、绿色期长，较耐践踏，果实红艳可爱，是不可多得的优良园林地被植物。全草供药用，有清热解毒、活血散瘀、收敛止血的作用。

2.4 琅琊山野生草本观赏特征多样兼赏植物资源

有些植物具有观赏特征多样兼赏的特点，即有两种及以上不同的观赏特征，在不同季节均可观赏，观赏期较长，观赏价值更高。从琅琊山野生植物资源中筛选出具有观赏特征多样兼赏的草本植物43种，按照具体观赏部位，又分为叶、花兼赏植物38种，叶、果兼赏植物2种，叶、花、果兼赏植物3种，详见以下介绍。

2.4.1 叶花兼赏草本植物

该类植物的叶子和花均具有观赏价值，有以下38种。

2.4.1.1 三白草 *Saururus chinensis*

科属：三白草科三白草属。

形态特征：多年生直立草本植物，高30～80 cm。茎粗壮，具沟槽，下部略呈匍匐状。叶互生，纸质，叶柄基部略抱茎，叶片阔卵形至卵状披针形，先端渐尖或短尖，基部心形或斜心形，全缘，两面无毛。总状花序顶生，具2～3片白色叶状总苞；花小，无花被；雄蕊6，雌蕊1，由4合生心皮组成，子房上位。果实近球形，分裂为4个果瓣，表面多疣状突起。种子球形。花期4～8月，果期8～9月。

习性：喜温暖湿润的气候，耐荫，生于低湿沟边、沼泽、塘边或溪旁。我国长江流域以南各省均有分布。

应用：叶花兼赏，苞片、花序素雅美丽，可用于园林地被、湿生绿化等。此外，具有清利湿热、消肿、解毒的药用功效。

2.4.1.2　蕺菜 *Houttuynia cordata*

科属：三白草科三白草属。

形态特征：多年生腥臭草本植物，高30～60 cm。茎下部铺地，节处具不定根，上部直立，有时带紫红色。叶薄纸质，有腺点，卵形至阔卵形，顶端短渐尖，基部心形，背面常呈紫红色；叶柄长1～3.5 cm，无毛，托叶膜质，顶端钝，下部与叶柄合生为鞘，常具缘毛，略抱茎。花序长约2 cm，总花梗长1.5～3 cm，总苞片长圆形至倒卵形，顶端钝圆；雄蕊长于子房。蒴果长2～3 mm，花柱宿存顶端。花期4～7月。

习性：阴性植物，喜温暖潮湿环境，较耐寒，怕强光，忌干旱，以肥沃的砂质壤土或腐殖质壤土生长最好，常生于沟边、溪边或林下湿地上。

应用：叶花兼赏，叶形可爱，苞片美丽，叶茂花繁，可用于园林地被、湿生绿化等。此外，具有清热解毒、利尿消肿等功效。

2.4.1.3 马兜铃 *Aristolochia debilis*

科属：马兜铃科马兜铃属。

形态特征：多年生缠绕性草质藤本植物。茎细弱，无毛。叶互生，具叶柄，叶片卵状三角形至戟形，基部心形，先端钝圆或短渐尖，两侧裂片圆。花单生或2朵着生于叶腋，花梗长1～1.5 cm，花被长3～5.5 cm，基部膨大如球，向上收拢呈管状，管口扩大为漏斗状，黄绿色，喉部有紫斑；冠檐部一侧极短，另一侧延伸成舌片；子房圆柱形，6棱。蒴果近球形，有6棱，成熟时6瓣裂。种子扁平，钝三角形，具白色膜质宽翅。花期7～8月，果期9～10月。

习性：喜光，稍耐阴，喜砂质黄壤，耐寒，适应性强，常于郊野路边、林缘、灌木丛中散生。

应用：叶花兼赏，叶形可爱，花形独特，可用于园林地被，亦可用于攀援低矮栅栏等作园林垂直绿化。另外，果实和根可药用。

2.4.1.4 绵毛马兜铃 *Aristolochia mollissima*

科属：马兜铃科马兜铃属。

形态特征：多年生缠绕草本植物植物，全株密被黄白色绵毛。根茎细，圆柱形，横生。叶互生，卵圆状心形，长宽相近，全缘，先端短尖，有叶柄。花单生于叶腋，花梗的中部有1枚叶状苞片；花被弯曲成烟斗形，顶端3裂，呈紫色；雄蕊6，子房下位，6室。蒴果圆柱形，黑褐色，6瓣裂。花期6～8月，果期9～10月。

习性：喜光，稍耐阴，生于山坡草丛和沟旁路边。

应用：叶花兼赏，叶形可爱，花形独特，可用于园林地被和园林垂直绿化等。此外，具有祛风湿、通经络、止痛的功效。

2.4.1.5 马齿苋 *Portulaca oleracea*

科属：马齿苋科马齿苋属。

形态特征：一年生平卧草本植物，全株光滑无毛。茎多分枝，均伏地铺散，圆柱形，肉质，浅绿或带红色。叶互生，有时近对生，全缘，叶片肥厚扁平，倒卵形，形似马齿，顶端圆钝、平截或微凹，基部楔形，上面绿色，下面淡绿或暗红色，叶柄粗短。花常数朵簇生于茎顶端，无花柄，苞片叶状，2~6枚，接近轮生；花萼2枚对生，绿色，顶端尖；花瓣5或4，黄色，倒卵形；雄蕊常8，花药黄色，子房花柱长于雄蕊，柱头4~6裂。蒴果卵球形，盖裂，种子小，黑褐色，有光泽。花期5~8月，果期6~9月。

习性：性喜高湿，耐旱、耐涝，具向阳性，中国南北各地均产，常生于菜园、农田、路旁，为田间常见杂草。

应用：叶花兼赏，茎叶肉质，花黄可爱，可用作园林地被等。另外，马齿苋还可食用，生食、烹食均可。

2.4.1.6　水毛茛 *Batrachium bungei*

科属：毛茛科水毛茛属。

形态特征：多年生沉水草本植物。茎细弱，有分枝，具节，沉入水中。叶有柄，叶柄基部有鞘；叶片为半圆形或扇形，直径2～4 cm，多次掌状分裂，裂片丝状，在水外通常收拢或近叉开。花单生，挺出水面开放，花柄长2～5 cm；萼片反折，卵状椭圆形，花瓣先端白色，基部黄色，倒卵形；雄蕊十余枚。聚合果卵球形，瘦果多数，有横皱纹。花期5～8月。

习性：耐寒，喜光亦能喜阴，常生于山谷溪流、水塘及湖中。

应用：叶花兼赏，枝叶纤细，花多美丽，可用于园林水体绿化等。

2.4.1.7 天葵 *Semiaguilegia adoxoides*

科属：毛茛科天葵属。

形态特征：多年生小草本植物。茎1～5条，被稀疏的白色柔毛。基生叶为掌状三出复叶，叶片卵圆形至肾形，小叶三深裂，裂片又有2～3个小裂片；叶柄长，基部扩大呈鞘状。茎生叶形似基生叶，但较小。花较小，花萼白色，略带紫色，长椭圆形，顶端尖；花瓣淡黄色，匙形，顶端近截形。蓇葖果卵状长椭圆形，表面有横向脉纹，种子小，多数，黑褐色，表面有瘤状突起。花期3～4月，果期4～5月。

习性：喜阴湿，忌积水，常生于疏林下、路旁或山谷地的荫蔽处。

应用：叶花兼赏，叶形小巧，花小别致，可用作园林地被等。天葵块根可入药，有清热解毒、消肿止痛、利尿等功效。

2.4.1.8 刻叶紫堇 *Corydalis incisa*

科属：罂粟科紫堇属。

形态特征：二年生或多年生直立草本植物，高15～60 cm。茎不分枝或分枝少。叶柄长，基部有鞘，叶片二回三出，裂片具缺刻状齿。总状花序长3～12 cm，小花多数，先密集，后伸长疏离；小花柄长1 cm，萼片小，丝状深裂；花冠紫红色或紫色，少有淡蓝色和苍白色，变异较大；外花瓣顶端圆钝、平截或下凹，顶端稍后具鸡冠状突起；有距，距圆筒形，较直；内花瓣顶端深紫色。蒴果长圆形，内有种子1列。花期3～5月，果期5～6月。

习性：喜阴湿，常生于较阴湿的沟旁、林下、山坡路边或多石处。

应用：叶花兼赏，叶细碎翠绿，花形色俱美，可用作园林地被等。全草药用，具有解毒杀虫的功效。

2.4.1.9 费菜 *Sedum aizoon*

科属：景天科景天属。

形态特征：多年生肉质草本植物。根状茎短，地上茎直立，不分枝。叶互生或近对生，广卵形至倒披针形，先端钝或渐尖，基部楔形，边缘有不规则锯齿。

聚伞花序顶生，小花多数，几乎无柄；萼片5，线形，肉质，长短不一，先端钝；花瓣5，黄色，长圆形至椭圆状披针形，有短尖；雄蕊10，较花瓣短；雌蕊心皮5。蓇葖果5枚排列成星芒状。种子光滑，边缘有狭翅，顶端宽。花期6～7月，果期8～9月。

习性：阳性植物，稍耐阴，耐寒，耐干旱瘠薄，在山坡岩石上和荒地上均能旺盛生长。

应用：株丛茂密，枝翠叶绿，叶花兼赏，茎叶肥厚，花黄色美，适应性强，可用于岩生绿化或环境较差的裸露地面做绿化覆盖。

2.4.1.10 佛甲草 *Sedum lineare*

科属：景天科景天属。

形态特征：多年生低矮肉质草本植物，高10～20 cm，无毛。茎圆柱形，肉质，节处3叶轮生，稀有4叶轮生或对生，叶线形，宽约2 mm，先端钝尖，全缘。聚伞状花序顶生，小花稀疏，花序的中央有一朵短柄花，周围有2～3分枝，每分枝经常又有2分枝，着生小花无柄；萼片5，线状披针形，不等长，无距或有时有短距，先端钝；花瓣5，黄色，披针形，先端钝尖，基部稍狭；雄蕊10，较花瓣短。蓇葖果，种子小。花期4～5月，果期6～7月。

习性：适应性极强，不择土壤，耐寒能力和耐干旱能力均极强。

应用：叶花兼赏，茎叶小巧肥厚，小花黄艳美丽，适应性强，可用于岩生绿化、屋顶绿化、地被等。此外，具有清热解毒、消肿排脓、止痛、退黄的功效。

2.4.1.11 垂盆草 *Sedum sarmentosum*

科属：景天科景天属。

形态特征：多年生低矮肉质草本植物。茎细弱，肉质，其不育枝匍匐且节处生根，生殖枝直立。3叶轮生，稀4叶轮生，叶倒披针形至长圆形，较佛甲草叶稍宽，宽3～7 mm，先端急尖，基部狭，全缘。聚伞花序，有3～5分枝，花稀疏，小花无梗；萼片5，披针形至长圆形，先端钝；花瓣5，黄色，披针形至长圆形；雄蕊10，较花瓣短；雌蕊心皮5，长圆形，略叉开，有长花柱。蓇葖果，花柱宿存，种子卵形。花期5～7月，果期8月。

习性：性喜温暖湿润、半阴的环境，较耐旱、耐寒，适应性强，不择土壤。常生于向阳山坡、石隙、沟边及路旁湿润处。

应用：叶花兼赏，茎叶小巧肥厚，花色花形美丽，可用于岩生绿化、屋顶绿化、地被等。此外，具有清热利湿、解毒消肿、止血养血的功效。

2.4.1.12 蛇含委陵菜 *Potentilla kleiniana*

科属：蔷薇科委陵菜属。

形态特征：一年生、二年生或多年生宿根草本植物，全株被毛。生殖茎上升或匍匐，常在节处生根并长出小植株。基生叶形似鸟足状，具5小叶，小叶倒卵形或长圆倒卵形，几乎无柄，顶端圆钝，基部楔形，边缘有多数尖或钝的锯齿，两面绿色，被毛；下部茎生5小叶，上部茎生3小叶，叶形与基生小叶相似。聚伞花序生于茎顶，下有苞片状的茎生叶；花小，萼片三角卵圆形，顶端尖，副萼片披针形或椭圆披针形，顶端尖；花瓣黄色，倒卵形，顶端微凹，比萼片长。瘦果卵形或近圆形，有皱纹。花果期4~9月。

习性：喜温暖、湿润的环境，耐寒，常生于田边、水旁、草甸及山坡草地。

应用：叶花兼赏，叶花秀丽，可用作园林地被、花境等。全草供药用，有清热解毒、止咳化痰的功效，捣烂外敷治疮毒、痈肿及蛇虫咬伤。

2.4.1.13 朝天委陵菜 *Potentilla supina*

科属：蔷薇科委陵菜属。

形态特征：一年生或二年生草本植物。茎平展或斜卧，被稀疏柔毛。基生叶为奇数羽状复叶，有小叶2～5对，小叶互生或对生，无柄，长圆形至倒卵状长圆形，边缘具圆钝或缺刻状锯齿，两面绿色；茎生叶与基生叶相似，向上小叶对数逐渐减少。花单生叶腋，副萼比萼片稍长或近等长，花瓣黄色，倒卵形，顶端微凹，比萼片稍短或近等长。瘦果长圆形，先端尖，有脉纹。花果期3～10月。

习性：喜温暖、湿润环境，耐寒，全国各地多有分布，常生于田边荒地、河岸沙滩等处。

应用：叶花兼赏，叶花秀丽，可用作园林地被、花境等。此外，具有清热解毒、凉血、止痢等药用功效。

2.4.1.14 莓叶委陵菜 *Potentilla fragarioides*

科属：蔷薇科委陵菜属。

形态特征：多年生草本植物，全株被毛。花茎多数，丛生，上升或铺散，长8～25 cm，有展开的长柔毛。基生叶为奇数羽状复叶，有小叶5～7片，偶为9片；小叶片倒卵形或长椭圆形，先端圆钝或急尖，基部楔形，边缘有多数锯齿；茎生叶常3片小叶，小叶与基生叶相似，边缘上部有锯齿而下部全缘，接近无柄。伞房状聚伞花序顶生，小花多数，花梗细，副萼与萼片近等长或稍短；花瓣黄色。瘦果小，近肾形，表面有脉纹。花期4～6月，果期6～8月。

习性：喜温暖湿润的气候，生于湿地、山坡、草甸、地边、沟边、草地、灌木丛及疏林下。

应用：叶花兼赏，植株低矮，叶花秀丽，可用于园林地被等。此外，具有补阴虚、止血的药用功效。

2.4.1.15 翻白草 *Potentilla discolor*

科属：蔷薇科委陵菜属。

形态特征：多年生草本植物。茎多铺地生长，花茎直立，茎上有毛。基生叶为奇数羽状复叶，叶柄具白色绵毛，具小叶2～4对，小叶无柄，长圆形或长圆披针形，顶端圆钝，边缘有钝锯齿；叶面暗绿色，叶背白色；茎生叶为3～5片掌状复叶。聚伞花序顶生，小花多数，排列疏散，花柄被绵毛；萼片三角状卵形，副萼短于萼片；花瓣黄色，长于萼片。瘦果近肾形，花果期5～9月。

习性：喜光，耐半阴，耐干旱，耐寒，分布在全国各地，常生于荒地、山谷、沟边、山坡草地、草甸及疏林下。

应用：叶花兼赏，枝叶匐地，小花美丽，可用作园林地被等。全草皆可入药，有清热解毒、凉血止血的功效。

2.4.1.16　米口袋 *Gueldenstaedtia verna*

科属：豆科米口袋属。

形态特征：多年生低矮草本植物，全株被毛。茎极度缩短，其上丛生奇数羽状复叶和花序。复叶具小叶7～21片，小叶片椭圆形、长圆形或卵形，果后期变披针形，全缘，两面被白色毛，果后毛渐少。伞形花序具花2～6朵，总花柄有沟，被长柔毛，花时较叶稍长，花后等于或短于叶长；小花柄极短，苞片披针形，花萼钟形；花冠蝶形，紫红色，后变蓝紫色，旗瓣卵形或椭圆形，翼瓣矩圆形，短于旗瓣，龙骨瓣又短于翼瓣；子房椭圆状，密被柔毛。荚果圆筒形，种子多数，肾形，细小有光泽。花期5月，果期6～7月。

习性：喜光，耐寒，分布于我国东北、华北、华东等地。

应用：叶花兼赏，植株小巧，花朵美丽，可用作园林地被等。全草入药，有清热解毒、散瘀消肿的功效。

2.4.1.17 鸡眼草 *Kummerowia striata*

科属：豆科鸡眼草属。

形态特征：一年生草本植物，高10～45 cm。茎直立或平卧，多分枝，其上被倒生的白色柔毛。三出羽状复叶，叶柄极短；小叶纸质，倒卵形或长圆形，较小，先端圆或微缺，基部近圆或楔形，全缘。花小，单生或2～3朵簇生于叶腋；花萼钟状5裂，紫色；花冠粉红或紫色，旗瓣椭圆形。荚果卵状长圆形，稍扁，先端短尖。花期7～9月，果期8～10月。

习性：耐寒，耐旱，生于路旁、田边、溪旁、砂质地或缓山坡草地。

应用：叶花兼赏，株型小巧，叶色深绿，叶片细小，开花秀丽，水土保持力强，是一种发展潜力大的野生园林地被植物。全草供药用，有利尿通淋、解热止痢的功效。还可作饲料和绿肥。

2.4.1.18 酢浆草 *Oxalis corniculata*

科属：酢浆草科酢浆草属。

形态特征：多年生草本植物，全株被疏柔毛。茎细弱，匍匐或直立，多分枝。叶基生或茎上互生，掌状复叶有3小叶，小叶倒心形，先端凹，无柄。花单生或数朵集为伞形花序状，腋生，总花梗淡红色，与叶近等长；萼片5，花瓣5，黄色，长圆状倒卵形；雄蕊10，花丝白色半透明，子房长圆形，5室。蒴果长圆形，具5棱，种子长卵形褐色或红棕色。花果期4～9月。

习性：喜向阳、温暖、湿润的环境，夏季炎热地区宜遮半荫，抗旱能力较强，不耐寒，一般园土均可生长，但以腐殖质丰富的砂质壤土生长旺盛，夏季有短期的休眠。

应用：植株低矮，生长快，叶花兼赏，叶形、花形秀丽，开花时间长，春夏秋不间断开花，可用于园林地被等。全草入药，有清热解毒、消肿散疾的功效。

2.4.1.19　瓜子金 *Polygala japonica*

科属：远志科远志属。

形态特征：多年生直立草本植物，高10～30 cm。茎丛生，有棱，微被细毛。单叶互生，卵状披针形或椭圆形，全缘。总状花序腋生或与叶对生，萼片5，宿存，不等大，外面3枚披针形，里面2枚花瓣状；花瓣3，淡蓝或蓝紫色，侧瓣长圆形，中间1片较大，龙骨状，背面先端有流苏状附属物；雄蕊8，子房上位。蒴果广卵形，顶端凹，边缘有宽翅，具宿萼。蒴果圆形，种子2粒，卵形，密被柔毛。花期4～5月，果期5～8月。

习性：喜温暖湿润的气候，喜阳，较耐旱，对土壤要求不严，在排水良好、肥沃而疏松的砂质壤土上生长较好。

应用：叶花兼赏，叶形纤秀，花朵美丽，可用于园林绿化岩生地被等。此外，具有活血散瘀、祛痰镇咳、解毒止痛的药用功效。

2.4.1.20　西伯利亚远志 *Polygala sibirica*

科属：远志科远志属。

形态特征：多年生草本植物，高10～30 cm。茎丛生，通常直立，被短柔毛。单叶互生，叶较瓜子金狭窄；下部叶小，卵形，先端钝，上部叶大，披针形或椭圆状披针形，先端钝，有短尖头，基部楔形，全缘，叶柄短。总状花序腋外生或假顶生，常高出茎顶，具少数花；花具3枚小苞片，钻状披针形；萼片5，宿存，外面3枚披针形，里面2枚花瓣状，淡绿色；花瓣3，蓝紫色，侧瓣倒卵形，龙骨瓣较侧瓣长，背面被柔毛，具流苏状附属物；雄蕊8，子房倒卵形。蒴果近倒心形，顶端微缺，种子扁长圆形，黑色，密被白色柔毛。花期4～7月，果期5～8月。

习性：耐寒，适应性强，各地均有分布，常生于砂质土、石砾和石灰岩山地的灌木丛、林缘或草地。

应用：叶花兼赏，株丛紧密，开花美丽，可用于园林地被等。此外，具有安神益智、祛痰、消肿的功效。

2.4.1.21　毛果堇菜 *Viola collina*

科属：堇菜科堇菜属。

形态特征：多年生草本植物，全株有毛。叶呈莲座状基生，叶片心形或近圆形，先端钝或尖，边缘具浅且钝的锯齿，两面密生白色短柔毛，果期叶片显著增大；叶柄长，被倒生短柔毛；托叶膜质，披针形。花具纤细而长的梗，在花梗近中部有2枚小苞片；萼片长圆状披针形或披针形，绿色；花瓣淡紫色，基部微带白色，下方花瓣有白色短距；雄蕊5，子房被毛。蒴果球形，密被白色柔毛，种子球形，细小，白色。花期4月，果期6～7月。

习性：喜温暖湿润的气候，分布较广，生于林下或林缘、灌木丛、草坡、沟谷及路旁较阴湿处。

应用：叶花兼赏，叶形花形美丽，可用于园林地被、花境等。全草药用，能清热解毒、凉血消肿。

2.4.1.22 白花地丁 *Viola patrinii*

科属：堇菜科堇菜属。

形态特征：多年生低矮草本植物，高7～20 cm。根状茎短而粗，无地上茎。叶均基生，通常3～5枚，叶柄细长，长2～12 cm，叶片薄，椭圆形或长圆状披针形，先端圆钝，基部截形，边缘疏生波状浅圆齿；托叶绿色，狭披针形。花梗细长柔弱，中部有2线形苞片；萼片披针形，绿色；花白色，带淡紫色脉纹，上方花瓣倒卵形，基部变狭，侧方花瓣长圆状倒卵形，下方花瓣有距，距短而粗，浅囊状。蒴果椭圆形，种子卵球形，褐色。花期4～5月，果期6～9月。

习性：喜阴湿环境，生长于沼泽化草甸、草甸、河岸湿地、灌木丛及林缘较阴湿地带。

应用：株型低矮、整齐，花形美丽，花色洁白素丽，是美丽的观叶、观花地被，也可作微型盆栽。全草供药用，能清热解毒、消肿去瘀。

2.4.1.23 心叶堇菜 *Viola concordifolia*

科属：堇菜科堇菜属。

形态特征：多年生草本植物。根状茎粗短，无地上茎和匍匐枝。叶基生，多数，叶柄长，叶片长卵形至广卵形，先端尖或稍钝，基部心形，边缘有圆钝锯齿。花梗细长，不高出叶片，上有2枚小苞片，萼片披针形；上方花瓣与侧方花瓣倒卵形，下方花瓣长倒心形，顶端微缺，距圆筒状，子房圆锥状。蒴果椭圆形。花期3～4月，果期5～8月。

习性：适应性强，生于林缘、林下开阔草地间、山地草丛、溪谷旁。

应用：叶花兼赏，叶形可爱，花形美丽色艳，可用于园林地被、花境等。全草入药，捣烂外敷，治疗疮肿痛。

2.4.1.24 戟叶堇菜 *Viola betonicifolia*

科属：堇菜科堇菜属。

形态特征：多年生草本植物。根状茎通常较粗短，斜生或垂直，无地上茎和匍匐枝。叶多数，呈莲座状基生，有长柄，叶片狭披针形或长三角状戟形，基部截形或略呈浅心形，边缘有稀疏的浅波状齿。花有长梗，中部有2线形小苞片；萼片5，披针形，花瓣5，白色或淡紫色，有深色条纹，距管状，稍短而粗。子房卵球形。蒴果椭圆形至长圆形。花果期4～9月。

习性：喜温暖、湿润的环境，常生于田野、路埂、山坡草地、灌木丛、林缘等潮湿处。

应用：叶花兼赏，叶形别致，花形美丽，可用作园林地被、花境。全草药用，具清热散瘀、消肿解毒的功效。

本种与紫花地丁相近似，但下方花瓣之距较短，侧方花瓣密被须毛，叶形差异较明显，故较易区别。

2.4.1.25 荇菜 *Nymphoides peltatum*

科属：龙胆科荇菜属。

形态特征：多年生水生草本植物。茎圆柱形，有长、短枝之分，长枝匍匐于水底，短枝从长枝的节处长出。上部叶对生，下部叶互生，叶卵形或圆形，基部心形，漂浮，全缘，叶表绿色，叶背紫色。花多数，簇生于节上，5基数，花梗圆柱形，花冠金黄色，五裂，子房基部具5个蜜腺。蒴果椭圆形，不开裂。种子扁椭圆形，多数，边缘有刚毛。花果期4～10月。

习性：喜光，耐寒，喜肥沃的土壤，适应性强，宜在浅水或不流动的水中生长。

应用：叶花兼赏，叶形小巧别致，鲜黄色花朵挺出水面，花朵大而美丽，花朵多且花期长，可用于园林水体绿化。全草均可入药，能清热利尿、消肿解毒。

2.4.1.26 金银莲花 *Nymphoides indica*

科属：龙胆科荇菜属。

形态特征：多年生水生草本植物。茎圆柱形，不分枝，顶生单叶。叶飘浮，近革质，叶近圆形或卵圆形，青绿色，基部心形，全缘，叶柄短。花多数，簇生节上，5数；花梗细弱，圆柱形，花冠白色，基部黄色，分裂至近基部，冠筒短，裂片卵状椭圆形，先端钝，腹面密生流苏状长柔毛；雄蕊着生于冠筒上，子房无柄，圆锥形。蒴果椭圆形，种子膨胀近球形，褐色光滑。花果期8～10月。

习性：喜温湿的气候环境，对酸碱适应范围较广，常生活于湖塘、河溪中。

应用：叶花兼赏，叶似睡莲，点点小花幼小娇柔，花齿绒毛状，随风荡漾，摇曳生姿，美丽异常，可用于园林水体绿化。

2.4.1.27 单花莸 *Caryopteris nepetaefolia*

科属：马鞭草科莸属。

形态特征：多年生草本植物，高30～60 cm。茎方形，有时蔓生，被向下倒伏的柔毛。叶片纸质，宽卵形至近圆形，顶端钝，基部阔楔形至圆形，边缘具4～6对钝齿，两面均被柔毛及腺点。单花腋生，有纤细花柄，花萼杯状，5裂，裂片卵圆形至卵状披针形；花冠淡蓝色，外面疏生细毛和腺点，喉部通常被柔毛；雄蕊4枚，子房密生绒毛。蒴果4瓣裂，果瓣倒卵形。花果期5～9月。

习性：喜温暖、湿润的环境，耐阴湿，常生于阴湿山坡、林边、路旁或水沟边。

应用：叶花兼赏，叶形可爱，花形独特，可用作园林地被、花境等。全草药用，祛暑解表、利尿解毒。

2.4.1.28 活血丹 *Glechoma longituba*

科属：唇形科活血丹属。

形态特征：多年生低矮草本植物，高10～30 cm。茎匍匐状上升，具四棱，节处常生根。叶对生，心形或近肾形，边缘具圆锯齿，下部叶较上部叶小。轮伞花序通常2朵花，稀4～6朵花；苞片及小苞片线形，花萼管状，具5齿，上唇3齿较长，下唇2齿较短；花冠淡蓝、蓝至紫色，下唇具深色斑点，冠筒直立，上部渐膨大成钟形；冠檐二唇形，上唇直立，2裂，下唇伸长斜展，3裂，中裂片最大；雄蕊4，子房4裂。小坚果深褐色，长圆状卵形。花期4～5月，果期5～6月。

习性：喜温暖、潮湿的环境，常生于林缘、疏林下、草地中、溪边等阴湿处。

应用：叶花兼赏，叶小巧可爱，花形秀丽，适于用作园林地被、花境等。

2.4.1.29 宝盖草 *Lamium amplexicaule*

科属：唇形科野芝麻属。

形态特征：一、二年生直立矮小草本植物，高10～30 cm。茎基部多分枝，柔弱，方形具浅槽，常带紫色。叶对生，肾形或圆形，边缘具深圆齿，根出叶有柄，茎生叶无柄。轮伞花序有小花6～10朵，苞片披针状钻形，花萼管状钟形，外面密被毛，萼5裂，披针状锥形；花冠紫红或粉红色，花冠筒细，喉部扩张，冠檐二唇形，上唇直立，长圆形，下唇3裂，中裂片先端深凹，侧裂片宽三角形；2强雄蕊。小坚果长圆形，具3棱，顶端截形。花期3～5月，果期6～8月。

习性：喜温暖、湿润的气候，生于路边、荒地。

应用：叶花兼赏，叶形可爱，花形美丽，适于用作园林地被、花境等。此外，具有清热利湿、活血祛风、消肿解毒的功效。

2.4.1.30 紫苏 *Perilla frutescens*

科属：唇形科紫苏属。

形态特征：一年生高大直立草本植物。茎多分枝，钝四棱状，具槽，密被长柔毛，绿色或带紫色。叶对生，阔卵形或圆形，先端尖，基部圆或楔形，叶缘基部以上有粗锯齿，叶绿色或紫色，上、下面均被毛，叶柄长3～5 cm。轮伞花序有2花，组成顶生或腋生总状花序；苞片宽卵圆形或近圆形，花梗短，密被毛；花萼钟形，直伸，萼檐二唇形，上唇宽大，3齿，中齿较小，下唇比上唇稍长，2齿；花冠白色、粉红或紫红色，外面略被毛，内面在下唇片基部略被毛，冠筒短，冠檐近二唇形，上唇微缺，下唇3裂；二强雄蕊，雌蕊1，子房4裂。小坚果近球形，灰褐色。花期6～11月，果期8～12月。

习性：适应性很强，对土壤要求不严，喜排水良好的砂质壤土、壤土或黏壤土。

应用：叶花兼赏，叶色紫红，花秀丽，可用于园林地被等。

2.4.1.31 蜂斗菜 *Petasites japonicus*

科属：菊科蜂斗菜属。

形态特征：多年生草本植物。根状茎平卧，有地下匍枝。叶基生，花后长叶，有长叶柄，叶片近圆形、心形或肾形，边缘有细锯齿。花雌雄异株，花茎从根状茎上抽出，头状花序排列成聚伞花序；雌花花冠细丝状，白色；总苞片2层，长椭圆形，近等长；雄花花冠筒状5齿裂，黄白色。瘦果线形，冠毛多，白色。花期4～5月，果期6月。

习性：喜阴湿环境，常生于溪流边、草地或灌木丛中。

应用：叶花兼赏，基生叶形奇特，花序美丽，可用作园林湿生绿化。根状茎可供药用，具有清热解毒、散瘀消肿之功效。另外，日本将其作为蔬菜食用。

2.4.1.32　香蒲 *Typha orientalis*

科属：香蒲科香蒲属。

形态特征：多年生水生的挺水草本植物，高可达2.5 m。茎直立，挺出水面。叶二列式互生，条形，光滑无毛，上部扁平，下部内侧微凹，外侧凸起，横切面为半圆形，疏松海绵状，叶鞘抱茎。花单性，黄色，穗状花序，雌雄花序紧密连接，形似蜡烛，雌花穗位于下部，雄花穗位于上部；雄花雄蕊3，偶为2或4，雌花子房上位。果穗似蜡烛状，赭褐色，小坚果椭圆形，种子褐色，微弯。花果期5～8月。

习性：喜高温多湿的气候，对土壤要求不严，在粘土和砂壤土上均能生长，但以有机质达2%以上、淤泥层深厚肥沃的壤土为宜。

应用：叶花兼赏，叶绿穗奇，叶片挺拔，花序粗壮可爱，是优良的水体绿化植物，常用于点缀园林水池、湖畔，构筑水景。其雄花花粉俗称“蒲黄”，具有药用和滋补功效。此外，它还是一种广泛使用的工艺品编织加工材料，编织历史悠久。

2.4.1.33 慈姑 *Sagittaria sagittifolia*

科属：泽泻科慈姑属。

形态特征：宿根性多年生水生或沼生草本植物，高约1 m。具短缩茎，秋季从叶腋处抽生匍匐茎，顶端着生膨大的球茎。叶着生在短缩茎上，叶片戟形，叶柄长，组织疏松。花序从叶腋抽出，总状花序或圆锥花序有花3～5轮，每轮有花3～5朵，下轮为雌花，上轮为雄花；萼片3，花瓣3，白色，基部常紫色，近圆形；雄蕊多数，心皮多数。瘦果两侧压扁，种子褐色。花果期5～10月。

习性：性喜温暖，喜光，抗风，耐寒力弱，在生长期间不可缺水，喜有机质丰富的粘质壤土，忌连作。

应用：叶花兼赏，叶形别致、花朵美丽，优良的水体绿化植物。其球茎可作蔬菜食用。

2.4.1.34 鸭跖草 *Commelina communis*

科属：鸭跖草科鸭跖草属。

形态特征：一年生匍匐草本植物。茎多分枝，匍匐生根，下部无毛，上部被短毛。单叶互生，披针形至卵状披针形，先端尖，无柄。总苞片与叶对生，佛焰苞状，展开后为心形，顶端短急尖，基部心形；聚伞花序，下面一枝有1~2朵花，不孕；上面一枝有3~4朵花；花梗长3 mm，果期弯曲；萼片3枚，膜质，花瓣3枚，侧生的2枚深蓝色，较大且具爪，中间下方的1枚为白色。蒴果椭圆形，2室，有4粒种子，种子棕黄色，有不规则窝孔。花果期6~10月。

习性：喜温暖、湿润的气候，喜弱光，忌阳光曝晒，耐旱，适应性强，生于路旁、田边、河岸、宅旁、山坡及林缘阴湿处。

应用：叶花兼赏，叶形秀丽，小花蓝色，可植于湿地、疏林下等作湿生绿化或地被。全草可药用，有清热、凉血、解毒的功效。

2.4.1.35 饭包草 *Commelina benghalensis*

科属：鸭跖草科鸭跖草属。

形态特征：多年生匍匐草本植物。茎多分枝，上部直立，基部匍匐，节处生不定根，被疏柔毛。单叶互生，有明显的叶柄，叶片卵形或椭圆状卵形，全缘，边缘有毛。佛焰苞片下部合生为漏斗状而压扁，几乎无柄；聚伞花序数朵，几不伸出佛焰苞外，花梗短；花瓣蓝色，雄蕊6枚，子房长圆形，有棱。蒴果椭圆形，含5粒种子，有窝孔及皱纹，黑色。花期7～10月，果期11～12月。

与鸭跖草的主要区别：鸭跖草叶窄而尖且无柄，而饭包草叶阔而钝且有明显叶柄。鸭跖草的花瓣三片中间下方者为白色，而饭包草的花瓣三片俱为蓝色。

习性：喜高温、潮湿的气候，耐阴，适应性强，常生长在阴湿地或林下潮湿的地方。

应用：叶花兼赏，叶形秀丽，小花蓝色，可用于园林湿生绿化，也可盆栽作观赏植物。

2.4.1.36　宝铎草 *Disporum sessile*

科属：百合科万寿竹属。

形态特征：多年生直立草本植物。根状茎肉质，横走。直立茎上部分枝。叶互生，薄纸质至纸质，叶片长圆形、卵形或披针形，脉上和边缘有乳头状突起，具横脉。花朵黄色、黄绿色或白色，1～3朵着生于分枝顶端；花被片倒卵状披针形。浆果椭圆形或球形，有3颗种子，种子深棕色。花期3～6月，果期6～11月。

习性：耐寒，耐阴，忌阳光直射，喜湿润及排水良好的土壤，常生于林下或灌木丛中。

应用：叶花兼赏，叶花秀丽，可用于园林地被等。此外，具有益气补肾、润肺止咳的功效。

2.4.1.37 玉竹 *Polygonatum odoratum*

科属：百合科黄精属。

形态特征：多年生直立草本植物，高20～50 cm。根状茎肉质，呈圆柱形。茎不分枝，有环状托叶痕。叶互生，无柄，叶片椭圆形至卵状长圆形，先端尖，全缘，叶表面绿色。花生于叶腋，常1～3朵簇生，无苞片或有线状披针形苞片；花被筒状，黄绿色或白色，先端6裂；雄蕊6，子房卵圆形。浆果球形或椭圆形，熟时蓝黑色，具7～9颗种子。花期4～6月，果期7～9月。

习性：喜阴湿环境，较耐寒，忌强光直射与多风，常生于凉爽、湿润、无积水的山野疏林或灌木丛中。

应用：叶花兼赏，叶花秀丽，园林中宜植于林下或建筑物遮荫处及林缘，作为观赏地被种植，也可盆栽观赏等。此外，具有养阴润燥、生津止渴，降血糖、血脂、血压的功效。

2.4.1.38 薯蓣 *Dioscorea opposita*

科属：薯蓣科薯蓣属。

形态特征：多年生缠绕草质藤本植物。块茎长圆形，垂直生长，断面白色，地上茎常带紫红色，细长，右旋缠绕，光滑无毛。单叶，茎下部互生，中部以上则为对生，偶见3叶轮生；叶形变异大，常见的有卵状三角形、宽卵状或戟形，全缘，常3裂，中裂片先端渐尖，侧裂片耳形。单性花小，雌雄异株；2～8个穗状雄花序着生于叶腋，近直立，有时呈圆锥状排列，雄蕊6；1～3个穗状雌花序着生于叶腋，花序下垂。蒴果具3棱，种子扁圆，有翅。花期6～9月，果期7～11月。

习性：喜温暖、有光照的环境，怕霜冻，忌连作，喜肥沃、排水良好的砂质土壤。

应用：叶花兼赏，叶形特别，花序美丽，可用于园林垂直绿化等。此外，具有滋补强壮、助消化、敛虚汗、止泻的功效。

2.4.2 叶果兼赏草本植物

该类植物的叶子和果实均具有观赏价值，有以下2种。

2.4.2.1 金线吊乌龟 *Stephania cepharantha*

科属：防己科千金藤属。

形态特征：多年生草质缠绕藤本植物。块根肉质肥厚。小枝紫红色，纤细。单叶互生，纸质，三角状扁圆形至近圆形，全缘，有纤细叶柄，盾状着生，掌状脉7～9条。花小单性，花黄绿色，雌雄异株，雌雄花序均为头状花序；雄花萼片6，少有8或4，花瓣3或4，偶有6，近圆形或阔倒卵形；雌花萼片1，偶有2～5，花瓣2～4，肉质，比萼片小。核果扁球形，成熟时红色，果核背部两侧有横肋状雕纹。花期4～6月，果期6～9月。

习性：喜半阴环境和温暖气候，适宜生长于肥沃、疏松的土壤中，常野生于低海拔的阴湿山坡。

应用：叶果兼赏，叶形可爱，果色紫红，是极好的垂直绿化材料，适宜在公园、庭院中作矮篱，也可盆栽作室内绿化或园林地被等。块状根可入药及酿酒。

2.4.2.2 木防己 *Cocculus orbiculatus*

科属：防己科木防己属。

形态特征：草质或近木质缠绕藤本植物。小枝被柔毛，有条纹。叶片形状变异极大，有披针形、阔卵形、狭椭圆形、倒披针形、倒心形、卵状心形等，边缘全缘或掌状3～5裂，两面密被毛，具1～3cm叶柄。聚伞花序腋生，或排成聚伞圆锥花序，顶生或腋生；雄花小苞片2或1，紧贴花萼，萼片6，花瓣6，下部边缘内折，雄蕊6，比花瓣短；雌花萼片、花瓣与雄花相同，心皮6。核果近球形，成熟时蓝黑色，外面有白粉，有种子1粒。花期5～8月，果期8～10月。

习性：喜温暖湿润的气候，对土壤要求不严，以疏松肥沃的砂质壤土及粘壤土为宜。

应用：叶果兼赏，叶形、果实可爱，可用于园林垂直绿化、地被等。另外，藤可编织，根含淀粉，可酿酒，入药有祛风通络、利尿解毒、降血压的功效。

2.4.3 叶花果兼赏草本植物

该类植物的叶子、花和果实均具有观赏价值，有以下3种。

2.4.3.1 杠板归 *Polygonum perfoliatum*

科属：蓼科蓼属。

形态特征：一年生攀援草质藤本植物。茎多分枝，四棱形，紫红色或紫棕色，有倒钩刺，节处稍膨大，有髓或中空。单叶互生，叶片正三角形，有长柄，盾状着生于叶片近基部。短穗状花序顶生，或生于上部叶腋，花小，花被白色或粉色。果实球形，黑色有光泽。花期4～8月，果期8～10月。

习性：适应性强，常生于山谷、灌木丛中或水沟旁。

应用：叶、花、果兼赏，叶形奇特，花果秀丽，可用作园林地被、垂直绿化等。此外，具有清热解毒、利水消肿、止咳等功效。

2.4.3.2 落葵 *Basella rubra*

科属：落葵科落葵属。

形态特征：一年生缠绕草质藤本植物。茎光滑无毛，肉质，绿色或稍带紫红。单叶互生，叶片卵形或近圆形，先端渐尖，基部心形或圆形，全缘，有叶柄。穗状花序腋生，小苞片2，萼片状，宿存；花被片连合成筒，5裂，淡红或淡紫色。果实球形，红色至深红色或黑色。花期5～9月，果期7～10月。

习性：喜温暖，不耐寒，耐高温高湿，一般生长在疏松肥沃的砂壤土上。

应用：叶、花、果兼赏，叶绿梗红、花红果黑，可爱，可用于园林垂直绿化等。全草可供药用，为缓泻剂，有滑肠、散热、利大小便的功效。另外，夏、秋季节鲜嫩茎叶可供食用。

2.4.3.3 栝楼 *Trichosanthes kirilowii*

科属：葫芦科栝楼属。

形态特征：多年生攀缘草质藤本植物。根状茎肥厚，圆柱状，地上茎多分枝，无毛，腋生带分枝的卷须。叶互生，叶片近圆形或心形，常3~7掌状浅裂或中裂，偶有深裂，边缘有疏齿或缺刻状。花单性异株；雄花总状花序，花托筒状，花萼裂片披针形，全缘，花冠白色，裂片倒卵形，顶端细线状，具3雄蕊；雌花单生，子房卵形，花柱3裂。果梗粗壮，果实近球形，熟时橙红色，有扁平形种子多数。花期5~8月，果期9~11月。

习性：喜温暖潮湿的气候，较耐寒，不耐干旱，常生长于向阳山坡、山脚、石缝、田野草丛中。

应用：叶、花、果兼赏，叶形花形奇特美丽，果实黄色，可用于园林垂直绿化等。此外，栝楼有解热止渴、利尿、镇咳祛痰等药用功效。

参考文献

[1] 夏爱梅，聂乐群. 安徽植被带的划分［J］. 武汉植物学研究，2004，22（6）：523－528.

[2] 汪美英，张庆秀. 琅琊山林木动态变化分析［J］. 滁州师专学报，1999，(02)：48－49.

[3] 郑朝贵，朱诚，汪美英，等. 安徽琅琊山种子植物区系科属地理成分分析［J］. 南京林业大学学报（自然科学版），2005，29（3）：85－90.

[4] 郑朝贵，汪美英. 琅琊山药用植物资源及其开发利用［J］. 生物学杂志，1998，15（03）：28－29.

[5] 沈显生. 从地带性植物生活型谱讨论安徽植被带的划分［J］. 安徽大学学报，1999，23（3）：103－108.

[6] 徐礼来，宋效严. 安徽琅琊山国家森林公园森林景观建设存在问题及对策［J］. 林业勘察设计，2003，(2)：26－27.

[7] 蔡云峰，卢松，孙厚启，等. 琅琊山国家森林公园风景区旅游开发的SWOT分析［J］. 安徽农业科学，2013，41（5）：2112－2113，2122.

[8] 殷培峰，汪美英. 安徽琅琊山石蒜属植物分布及开发应用［J］. 资源开发与环境，2008，(24) 9：823－825.

[9] 刘克忠，郑朝贵，汪美英，等. 安徽琅琊山杀菌植物资源初报［J］. 滁州学院学报，2008，10（3）：90－91.

[10] 王晓鹏. 安徽皇甫山琅琊山野生太子参生态环境比较研究［J］. 广西植物，2003，23（5）：385－390.

[11] 傅松玲，王蒙. 琅琊山珍稀树种开发与保护［J］. 林业科技通讯，1999（5）：24－25.

[12] 傅松玲，黄宝龙. 皖东石灰岩山地次生林演替趋势与树种的生理特性分析［J］. 林业科学，2002，38（1）：50－54.

[13] 訾兴中，张定成. 琅琊山植物志［M］. 北京：中国林业出版社，1999.

[14] 中国科学院中国植物志编辑委员会. 中国植物志［M］. 北京：科学出版社，2004.

[15] 安徽植物志协作组. 安徽植物志［M］. 北京：中国展望出版社，1990.